MÉMOIRE

SUR LA

CONNAISSANCE DES TERRES

EN AGRICULTURE.

A AIX,

Chez A. Pontier, Imprimeur - Libraire.

1826.

MÉMOIRE

SUR LA

CONNAISSANCE DES TERRES

EN

AGRICULTURE.

PAR P. H. PONTIER,

ANCIEN INSPECTEUR PRINCIPAL DES EAUX ET FORÊTS ;
MEMBRE DE LA SOCIÉTÉ ACADÉMIQUE D'AIX, ET DE
PLUSIEURS AUTRES SOCIÉTÉS SAVANTES.

A AIX,

IMPRIMERIE DE PONTIER, RUE DU PONT-MOREAU.

1826.

Tous les exemplaires non revêtus de ma griffe , seront réputés contrefaits, et poursuivis selon les lois.

AVANT - PROPOS.

PIERRE - HENRI PONTIER, chimiste et minéralogiste, membre et l'un des fondateurs de la Société Académique d'Aix, associé à plusieurs autres corps savans, n'a pu voir terminer l'impression d'un Traité d'Agriculture, spécialement approprié aux pays méridionaux de la France, auquel il travaillait depuis plusieurs années. Il a succombé, le 11 juin 1826, sous le poids d'une maladie chronique, après quinze mois de souffrances continues, et n'a même corrigé que les huit premières pages des épreuves du présent écrit. Si le ciel eût prolongé ses jours, il nous aurait fait jouir de tout le fruit de ses recherches et de son expérience; et il aurait trouvé la récompense de ses longs travaux, dans les témoignages unanimes de satisfaction et de gratitude de ses confrères et de ses concitoyens. Mais, prévoyant que la nature de ses maux ne lui permettrait pas d'achever l'ensemble de son Traité, il s'est hâté, au milieu des symptômes de la mort qui l'a ravi aux sciences et à ses amis, de tracer le tableau de la vie végétale dans ses diverses époques. Son but principal a été de démontrer, contre l'assertion de quelques naturalistes, que les terres ne sont point une matière inerte et passive dans la végétation, mais que, combinées avec les divers élémens répandus dans la nature, elles exercent, sur la végétation, une action vitale et continue.

La connaissance du sol agraire et du mécanisme physico-chimique de la végétation , embrassant toute la théorie de l'art agricole, ce mémoire doit être considéré comme un traité complet, indépendant des trois autres parties auxquelles il devait servir d'introduction.

Les matériaux que l'auteur avait rassemblés, sont assez nombreux pour que l'on puisse espérer de les mettre en ordre, et en faire jouir, un jour, les agriculteurs du midi, auxquels il les avait particulièrement destinés. Ses héritiers s'acquitteront avec d'autant plus d'empressement du soin de les publier, que les traités sur la culture de nos terres , brûlées par un soleil ardent et rarement arrosées de pluies , sont jusqu'à présent en très-petit nombre.

PIERRE-HENRI PONTIER a rendu de trop grands services à son pays, pour que l'affection de son frère n'en transmette pas la mémoire à la postérité, par une iv

notice détaillée de sa vie. On y verra
que ce savant modeste fut constamment occupé de travaux essentiels,
et qu'il porta dans les sciences, le
génie de l'observation qui combat les
erreurs, et conduit souvent à d'importantes découvertes.

MÉMOIRE

SUR LA

CONNAISSANCE DES TERRES

EN AGRICULTURE.

Quelle est l'origine du sol agraire ; quelle est la nature des terres qui le composent ; quelles sont les propriétés qui le caractérisent, et les qualités qu'il doit avoir pour être propre à la culture ? tel est le sujet que nous nous proposons d'examiner.

On a considéré les terres de la surface du globe, comme étant formées par les débris ou détritus des rochers que l'air et l'eau décomposent, et qui sont ensuite dissous et entraînés par les eaux dans les plaines et les vallées.

1

Cette erreur s'est d'autant plus accréditée, que l'on est naturellement porté à regarder les cailloux que les rivières charrient, comme ayant été détachés par elles de la roche même ; tandis qu'il est reconnu qu'elles ne font que mettre à découvert les cailloux anciennement déposés par la mer, et qu'on trouve aussi isolés, ou en l'état de poudingue, sur les hauteurs voisines, où certainement les eaux des rivières n'ont jamais pénétré.

On n'a point fait attention que les terres se rencontrent sur les montagnes comme dans les vallées et les plaines, et que souvent leurs couches sont recouvertes ou séparées par des bancs de rochers qui portent l'empreinte non suspecte des eaux de la mer.

Ces grands dépôts de coquillages marins qui, comme le falun de la Touraine, accompagnent et suivent les couches de terre, et s'y mêlent quelquefois, nous décèlent encore cette origine marine à laquelle nous rapportons la formation du sol agraire.

D'ailleurs, les eaux de sources, comme celles qui viennent de la fonte des neiges

et qui forment les ruisseaux , les rivières
et les fleuves , ne peuvent dater que d'une
époque postérieure à celle de la formation
de nos continens ; elles n'ont pu , par conséquent, transporter des terres qui existaient
auparavant, dans les lieux où on les trouve.

Les continens une fois formés , l'action de
l'air , de l'eau , des divers fluides et météores
de l'atmosphère , le froid et le chaud , le
gel et le dégel, les vapeurs salines ou acides,
etc. , ont corrodé peu-à-peu la roche de nos
montagnes, dont les débris ont été entraînés
par les eaux qui y prennent leur source ,
comme par celles qui tombent du ciel ; et
ces débris se mêlant avec ceux qui résultent
de la collition des cailloux qu'elles rencontrent et des terres qu'elles détachent , ont
formé des sédimens limoneux dans les divers
lieux qu'elles parcourent. On les distingue
toujours des véritables terres sur lesquelles
ils se déposent, et qui sont aussi reconnais-
sables que les courans de laves des volcans ,
autrefois en ignition , qui recouvrent les
terres où elles avaient passé.

Les eaux pluviales et les torrens qui leur

succèdent, détachent également des lieux penchans et ardus les terres et les pierres, qui vont grossir les atterrissemens dont il s'agit; et c'est ainsi, qu'avec le temps, les montagnes s'abaissent et les vallées s'exhaussent. Mais ces causes secondaires ne font que modifier la surface des continens dans certains lieux circonscrits et bornés, et permettent toujours de distinguer les véritables couches terreuses par leur nature et leurs couleurs variées, et par le mélange des fossiles qu'on y rencontre souvent.

Ces atterrissemens ou alluvions se terminent à l'embouchure des fleuves, où ils s'amoncèlent en grandes masses, pour y former des terrains très-fertiles, tels que ceux de la Camargue et autres. Ils font aussi reculer les eaux de la mer, et lui fournissent en même temps des matériaux, qui remaniés dans son sein, seront employés plus tard à la formation de nouveaux continens, comme le prouvent ceux que nous habitons, qui ont été submergés à différentes époques, à en juger par la nature variée des dépouilles végétales et animales que l'on y découvre, et qui , comme autant de médailles, deviennent la preuve incontestable des différens déplacemens de la mer, dans les révolutions que notre planète a essuyées.

C'est à la faveur des débris de rochers dont on a parlé , que naissent ces mousses et ces lichens, premiers linéamens de l'organisation végétale , qu'on aperçoit au pied des monts élevés , couronnés de neiges éternelles. Ces débris, comme l'on voit, quoique privés d'humus , et bonifiés seulement par l'action des élémens qui les ont convertis en terre, n'ont pas moins été propices à la levée des graines des plantes : preuve évidente que les terres ne sont point passives ou inertes dans la végétation , comme on l'avait prétendu : c'est ce que nous aurons occasion de développer et de prouver par la suite.

Les terres en général , contiennent les mêmes principes que ceux de la roche des montagnes voisines, ou de la roche sousjacente. Elles n'en diffèrent que par leur mode d'agrégation. Dans les pierres , les molécules terreuses contractent une contexture solide et fixe dans leur combinaison ; tandis que dans les terres elles sont mélangées et combinées différemment, de manière à être incohérentes et dans un état de division qui les rend très-poreuses et perméables aux influences de l'air et des divers fluides ou gaz de l'atmosphère, comme le sont tous les corps poreux : condition qui devenait nécessaire, pour qu'elles pussent concourir à la végétation.

Quelquefois, mais plus rarement, les terres sont d'une nature différente de celle de la roche du voisinage : ce qui est une nouvelle preuve de la cause que nous leur attribuons, puisque les courans des eaux de la mer ont pu varier selon les circonstances, et transporter de plus loin ces terres étrangères ; tandis que les atterrissemens formés par les eaux du ciel et de la terre sont toujours homogènes, et bien remarquables par leur uniformité.

Enfin, les terres qui nous occupent ne se rencontrent pas seulement à la surface du globe, on les retrouve encore dans les fentes et dans les cavités des rochers : ce qui est une preuve certaine de l'identité de leur origine avec la roche elle-même. On trouve encore dans ces crevasses ou cavités, une terre végétale noirâtre, véritable *humus*, formé par la décomposition des végétaux et des animaux qui ont dû vivre à des époques antérieures à la formation des terres, avant de se décomposer : ce qui confirme les différentes irruptions des eaux marines que nous avons déjà signalées, et les changemens qui ont dû s'opérer dans la contexture superficielle des continens actuels.

Quelles que soient les causes qui ont présidé à la formation de notre planète, et qui ont donné lieu aux révolutions dont elle a été le théâtre, les faits et les observations que nous venons d'exposer nous paraissent suffisans pour démontrer que les terres, comme les montagnes et les côteaux, ont eu une origine contemporaine, et que, si elles ont éprouvé des changemens extérieurs sur quelques points de leur surface, on doit les attribuer à des causes secondaires, survenues après leur formation.

Mais, quelles sont ces terres qui forment le sol agraire, et que la nature semble avoir choisies de préférence pour servir de base à l'ensemble majestueux de la végétation qu'elle offre à nos regards, et qui établit entre le ciel et la terre cette correspondance si utile et si nécessaire pour le maintien de l'ordre et de l'harmonie dans tous les élémens ? Comment parvenir à les connaitre, pour apprendre à les bien cultiver ?

L'Agriculture est une science et un art en même temps : comme science, elle exige une infinité de connaissances accessoires, que l'on doit acquérir, si on veut l'approfondir et la perfectionner.

Elle tient à la *Chimie*, quant à la composition des terres, à la manière de les amender, à l'analyse de ses diverses productions, à la nature des engrais, et au meilleur mode de les préparer, etc. Elle tient à l'*Histoire naturelle*, quant à l'origine et à la formation des terres et des pierres qui leur sont mélangées, à leur gissement le plus avantageux, à leurs **différentes couches**, et à

(9)

la nature de la roche qui les recouvre, ou sur laquelle elles sont placées, etc. Elle tient à la *Physique générale,* quant aux phénomènes de la végétation, et aux influences de l'air et des météores, etc. A la *Botanique,* pour la description des plantes et la connaissance de leurs propriétés. A la *Mécanique,* quant aux instrumens qu'elle emploie, etc. A l'*Hydrostatique* pour les irrigations, etc. Enfin, à la science de l'*Économie rurale,* qui a pour objet la bonne administration des terres, le choix des semences, la consommation des récoltes ; l'éducation des bestiaux, les moyens de les soigner dans leur maladie, de les multiplier et d'améliorer leurs races ; de construire les bergeries, etc.

Mais, considérée comme art, l'Agriculture n'exige que de simples notions de ces sciences. Il faut que l'agriculteur praticien soit en état de raisonner ses opérations et d'en saisir les motifs ; de distinguer les meilleurs procédés pour le sol sur lequel il opère ; le temps le plus propice pour les exécuter, et qu'il soit capable de diriger les bras destinés à l'aider dans toutes ses opérations. La pra-

tique agricole pourra devenir alors plus utile,
même que la science , parce qu'elle aura
constamment l'expérience pour guide , et
que n'étant plus assujettie à une routine
aveugle , elle saisira avec empressement les
bons exemples à suivre , et les découvertes
que le hasard procure le plus souvent dans
les tentatives et les essais que l'on entreprend.

C'est précisément pour la connaissance
des terres , qu'il importe le plus d'avoir ces
notions ; sans elles , l'art agricole est borné
à ne les connaître que d'après leurs caractères
extérieurs, qui sont les seuls que la pratique
puisse fournir ; caractères insuffisans , parce
qu'ils sont trop vagues et trop incertains ,
variant toujours du plus au moins , sans
qu'on puisse vérifier en quoi consistent ces
différences. Dire, en effet, qu'une terre est
forte ou légère , sèche ou humide , froide
ou chaude , sabloneuse ou mélangée de
gravier, tenace ou compacte , etc. : c'est ne
rien dire de positif sur ce qu'il y a de plus
essentiel à constater , qui est de connaître la
nature particulière de chaque espèce de terre,
et quelles sont les proportions de leur mé-

lange dans les différens terrains , pour être
en état de les distinguer les unes des autres ,
et de les classer par leurs noms , suivant
l'ordre de leur composition. C'est peut-être
là une des causes qui ont le plus retardé les
progrès de l'Agriculture , dans l'application
des procédés utiles et des découvertes nouvelles , vu la difficulté que l'on a eue à comprendre des définitions aussi insignifiantes.

La Chimie ayant pour but la décomposition des divers corps naturels, pour en isoler
les principes constituans , et les obtenir dans
leur état de pureté ou de simplicité , afin
d'en examiner les différences , les propriétés
et les proportions ; il est évident que c'est
à cette science que l'agriculteur doit avoir recours , pour en obtenir les premières notions
nécessaires à l'analyse des terres , sans être
obligé d'acquérir les connaissances d'un
chimiste de profession.

Or , il résulte des différentes analyses
chimiques , que le sol agraire , ou pour
mieux dire, la terre végétale de ce sol
qui en forme les premières couches , celles où

la végétation s'opère , est composé de quatre sortes de terres pures ou primitives , connues sous les noms d'ALUMINE , de SILICE , de CHAUX , et de MAGNÉSIE , (cette dernière est beaucoup plus rare , et ne se trouve jamais qu'en petite quantité): qu'en outre, ces terres sont presque toujours mélangées avec une autre substance, d'apparence terreuse, appelée HUMUS ou TERREAU , formée des débris ou dépouilles des êtres organisés , végétaux et animaux, qui périssent et se décomposent à leur surface ou dans leur intérieur : elle les rend d'autant plus fertiles qu'elle y abonde davantage.

Voyons donc quelle est la nature particulière de ces terres reconnue chimiquement ; quelles sont les propriétés des terrains où chacune d'elles domine , et l'influence respective de l'*humus* sur ces terrains , suivant la proportion dans laquelle il s'y trouve mêlé ; et nous exposerons ensuite une méthode simple et facile , à la portée de tous les cultivateurs, pour les analyser, c'est-à-dire, pour les distinguer les unes des autres.

L'Alumine est la terre pure qui forme la base des argiles ou glaises dont on fabrique les poteries : la Chimie la retire de l'alun , dans son état de pureté. C'est une terre blanche, incombustible , insoluble dans l'eau , soluble par les acides , et non par les alkalis , et qui adhère fortement à la langue. En perdant son eau principe par la chaleur , elle diminue de volume. Poussée au plus grand feu , elle étincelle sous le briquet. Dans son état naturel , elle n'est jamais pure, on la trouve toujours combinée avec d'autres terres.

Les terrains où elle domine sont appelés argileux , glaiseux , alumineux ; ils sont gras au toucher, et forment avec l'eau , une pâte liante, qu'on peut paîtrir avec les doigts ; ils répandent une odeur particulière qui se fait aisément reconnaître ; ils ont une si grande affinité avec l'eau , qu'ils la retiennent fortement : ce qui est cause que les graines des plantes pourrissent quelquefois dans ces terrains , ou que leurs racines s'y noient.

Lorsqu'ils manquent d'eau , ils deviennent compactes , ils compriment les racines , les empêchent de s'étendre et de jouir des bienfaits de l'air ; ce qui arrête la végétation, et fait souvent périr les plantes.

Mais lorsque l'argile se trouve mêlée dans de justes proportions avec les autres terres qui diminuent sa ténacité et sa trop grande affinité avec l'eau, ces terrains ainsi mélangés deviennent les meilleurs de tous , parce qu'ils n'absorbent et ne retiennent que l'humidité nécessaire , et qu'ils sont pour cette raison, préférables aux terrains siliceux ou calcaires, qui la laissent se dissiper trop facilement.

La Silice est presque toujours mélangée avec l'alumine dans un degré plus ou moins grand de ténuité. On la retire pure du cristal de roche. C'est une terre blanche, insoluble et infusible sans addition. Elle raie le verre et le dépolit par le frottement. En masse, comme dans les quartz, les silex, certains grès, elle étincelle sous le briquet; c'est elle qui forme les verres, étant fondue dans un creuset avec des sels alkalins. La Chimie la range parmi les acides ; elle forme dans la nature, avec la magnésie, le *silicate de magnésie*, que l'on trouve en couches assez épaisses dans l'intérieur de la terre, et toujours associé avec le calcaire marneux et les marnes argileuses des terrains secondaires.

Les terrains où la silice domine , sont rudes au toucher comme des grains de sable , n'adhèrent point à la langue , s'échauffent facilement au soleil , et se dessèchent promptement. Ils profitent peu du bienfait des pluies , parce qu'ils ne les retiennent pas , et qu'elles leur enlèvent l'humus soluble qu'ils contenaient : ce qui oblige à leur fournir plus souvent de nouveaux engrais.

Ces terrains , par ces raisons , exigent peu de culture ; l'engrais végétal , produit par les plantes qu'on y a semées , et enfouies au moment de leur floraison , est celui qui leur convient le mieux, parce que se décomposant avec plus de lenteur , il dure plus long-temps, et fournit , par sa décomposition , une portion de terre qui bonifie le sol : observation qui s'applique également aux terrains sabloneux-calcaires.

La chaux, chaux vive , n'est jamais pure,

mais toujours dans l'état salin, combinée avec différens acides, et principalement avec l'acide carbonique, en état de sous - sel ou de sel neutre. Avec cet acide, elle forme *le carbonate de chaux*, *pierre à chaux* ou *terre calcaire*, si abondamment répandue dans tous les terrains secondaires. Le marbre, plus ou moins pur, est son état le plus compacte ; et la craie, celui où il l'est le moins. Cristalisé en *calcaire spathique*, il se trouve dans presque toutes les époques de formation, mais beaucoup plus rarement dans les roches granitiques et micacées des terrains primitifs.

On la retire pure du carbonate de chaux, par la calcination, qui, en lui faisant perdre son acide carbonique, la fait passer à l'état de chaux vive.

Combinée avec l'acide sulfurique, cette terre pure forme *le sulfate de chaux*, *gypse*, ou *pierre à plâtre* que l'on rencontre dans certains gîtes particuliers des terrains primitifs et secondaires ; avec l'acide fluorique, la *chaux fluatique*, qui n'est jamais qu'en petites masses ou filons, et non en bancs

considérables,

considérables , dans tous les terrains primitifs , secondaires , ou de transition ; avec
l'acide phosphorique, le *phosphate de chaux*,
qui est plus rare dans les terres , et qui fait
la base de la charpente osseuse des animaux;
avec le chlore, le *chlorure de chaux* employé
comme sel , et comme amendement en agriculture ; enfin, combinée avec d'autres acides,
elle devient la base d'un grand nombre
d'espèces minérales de la classe des sels.

La chaux vive est dissoluble dans l'eau ,
et, par son mélange avec le sable calcaire ou
siliceux , elle devient propre à faire les mor-
tiers. Selon que les pierres à chaux que l'on
calcine sont plus ou moins pures, ou mélangées d'argile , de silice ou de magnésie , il
en résulte les *chaux grasses*, ou les *chaux
maigres* : ces dernières prennent corps d'elles-
mêmes par leur seule immersion dans l'eau.

Les terrains, où le carbonate de chaux domine , sont souples au toucher , et adhèrent
légèrement à la langue. Ils sont naturellement froids , parce que leur couleur blanche
repercute la chaleur , et ne la conserve pas.
Ils retiennent mieux l'humidité que les pai-

cédens ; on les cultive aussi facilement, mais il leur faut beaucoup d'engrais, parce qu'ils ont la propriété de les rendre solubles et de les consommer promptement. C'est le carbonate de chaux, mélangé avec la silice et l'alumine, qui constitue les *marnes calcaires* ou *argileuses*, selon que la chaux ou l'argile y dominent. Ces marnes composent des terrains très-considérables à la surface ou dans le sein de la terre, et sont employées principalement à amender les terrains siliceux ou argilo-siliceux.

La MAGNÉSIE, ainsi que la chaux, n'est jamais pure; elle est toujours dans l'état salin, ou combinée dans les terres et les pierres qui la récèlent. Avec l'acide carbonique, elle forme le *carbonate de magnésie* ; avec la silice, le *silicate de magnésie*, découvert par Berzelius ; et enfin, avec l'acide sulfurique, le *sulfate de magnésie*, le plus répandu de tous, que l'on trouve, non en masses solides, mais en efflorescence, à la surface de certaines terres et roches, ou en dissolution, dans les eaux de quelques sources ou lacs.

C'est du sulfate de magnésie , qu'on retire cette terre dans son état de pureté. On n'employait autrefois que celui qui nous venait d'Angleterre , sous le nom de *sel d'Epsom* , employé dans la médecine ; mais aujourd'hui ce sel s'obtient en grande quantité de certaines serpentines des Apennins de la Ligurie; de quelques schistes de transition, en Savoie , à la surface desquels il s'effleurit naturellement ; de certaines terres calcaires magnésiennes des bassins houilliers de la France ; enfin , de plusieurs sources ou lacs , en divers endroits. On grille légèrement ces diverses substances, avant de les lessiver.

La magnésie pure est blanche, insipide , et légèrement soluble dans l'eau. On l'employe en médecine, comme terre absorbante. Elle n'est jamais seule dans les terres , mais toujours mélangée dans de faibles proportions avec la silice et l'alumine. Elle est plus abondante dans certaines pierres , telles que l'amphibole , les basaltes , et notamment dans les serpentines , les asbestes , les pierres ollaires , le talc et le mica.

Il n'y a point , à proprement parler , de

terrains magnésiens ; et là , où cette terre
abonde , le sol est stérile, et il paraît même
communiquer sa stérilité aux autres terres.
Tenant, chimiste anglais , dit avoir observé,
que la chaux provenant de la calcination des
terres ou pierres qui renferment de la magnésie , devient stérile , lorsque celle-ci égale
seulement les deux cinquièmes de la masse
totale , et que cette stérilité ne cesse qu'après
que cette chaux s'est saturée complétement
d'acide carbonique. Il est certain que des
collines de serpentine et de stéatite , se trouvent dénuées de végétation.

L'humus ou terreau , l'engrais nutritif par
excellence , n'est point une terre , puisqu'on
peut le décomposer par les alkalis et par la
chaux. C'est un corps noir , gras et huileux,
très-pénétré de carbone, propre à se combiner avec les terres , et à devenir soluble
dans l'eau , pour être absorbé par les racines,
et servir d'aliment à la plante ; il fait la
principale partie de la terre végétale ; il est
le résultat de la décomposition des êtres organisés , qui vivent et meurent à sa surface.

Chaque année, comme nous le disions dans notre Mémoire sur le Carbone, les racines, les tiges, les branches et les feuilles des plantes fournissent une grande quantité d'humus par leur destruction ; il en est de même des animaux et des insectes, qui pendant leur vie et après leur mort, contribuent à le former par leurs déjections et leurs dépouilles. Les fumiers ordinaires provenant des excrémens et des urines des animaux, mélangés avec de la paille, ou autres matières végétales, forment également par leur décomposition, le terreau dont nous parlons.

Cet humus ou terreau est tellement une des principales causes de la fertilité, que les terres s'appauvrissent et deviennent stériles, en proportion que les récoltes se succèdent sans engrais ; et plus la plante en consomme par sa nature, et plutôt la terre devient stérile.

Il a la propriété de décomposer l'air, et de se combiner avec l'oxigène. Dans cet état, il attire l'humidité, et la conserve comme l'argile : ce qui augmente d'autant sa qualité fertilisante. Il devient alors soluble dans l'eau, et prend une couleur fauve foncée, comme celle des égouts du fumier. C'est cette eau, ainsi colorée, qui contient l'humus que la plante absorbe pour se nourrir. Privé au contraire du contact de l'air, il devient insoluble, de manière qu'après lui avoir enlevé sa partie soluble avec l'eau bouillante, ce qui reste, qui est insoluble, acquiert encore la solubilité, si on l'expose de nouveau à l'air. Il est à présumer que les terres étant susceptibles de s'oxigéner plus ou moins, fournissent à leur tour l'oxigène dont l'humus a besoin, pour être rendu soluble. Par l'acte de la végétation, cet humus finit par s'épuiser: ce qui oblige à renouveler les engrais qui le fournissent, pour que la terre continue à jouir de la même fertilité.

Les terrains où il abonde le plus se distinguent facilement par leur couleur noirâtre ou brune, par leur toucher gras, onctueux et moëlleux, et par leur odeur plus ou moins pénétrante. De ce nombre sont: 1.° le terreau végétal, ou cette couche épaisse de feuillages décomposés, qui recouvre les sols des bois que l'on défriche; 2.° les terrains des prairies que l'on retourne pour les cultiver, qui contiennent également du terreau par les débris des herbes et des insectes qui y vivaient, et par le gazon qui en fournit en se décomposant ; 3.° les terrains tourbeux, qui ne diffèrent du terreau végétal, qu'en ce que celui-ci est le produit de la décomposition des feuilles et des plantes herbacées par l'air, tandis que l'autre est le produit des mêmes plantes décomposées par l'eau. La tourbe est naturellement infertile, parce qu'elle n'est pas dans un état soluble, mais elle acquiert bientôt la fertilité par son exposition à l'air, et notamment par l'écobuage et par la chaux ; 4.° la vase des marais et des bassins, formée des débris des roseaux et autres plantes aquatiques ; 5.° les limons gras et féconds des fleuves et des rivières, les égouts des rues et des chemins ; 6.° enfin, les terres des jardins où les engrais sont le plus souvent prodigués.

Telles sont les différentes terres qui composent le sol agraire, par leur mélange et leur combinaison avec l'humus, lorsqu'il s'y rencontre.

On y trouve bien encore quelques sels et oxides métalliques , d'un usage peu connu ; mais ces substances n'y sont qu'accidentelle- ment , et en si petite quantité , qu'on peut les négliger sans inconvénient dans l'analyse de ces terres. Nous renverrons à nous en occuper à l'article des engrais, avec lesquels elles paraissent avoir plus de rapport par leur manière d'agir dans la végétation. L'analyse des terres deviendra ainsi plus simple, moins compliquée , et plus à la portée des cultiva- teurs , qui ne sont pas censés avoir toutes les connaissances chimiques nécessaires , et encore moins les appareils et les réactifs con- venables pour ces sortes d'opérations.

ANALYSE CHIMIQUE SIMPLE , DES TERRES.

Le procédé d'analyse que nous allons indi- quer, se distingue par sa simplicité, et remplit suffisamment l'objet qu'on se propose , celui de connaître la nature des terres que l'on cultive, dans tous les cas de pratique qui peuvent se présenter , et notamment pour les amendemens , lorsqu'il s'agit de bonifier un terrain en y ajoutant les terres qui lui manquent, et en les comparant avec une terre plus fertile du voisinage.

Un creuset, un récipient de verre, de l'eau de chaux, et deux acides minéraux très-connus dans le commerce, l'acide du sel marin (acide hydroclorique), et l'huile de vitriol (acide sulfurique), composent tout l'appareil de nos opérations.

On prend sur divers points de la surface du champ que l'on veut examiner, une certaine quantité de terre que l'on mêle bien ensemble et que l'on fait sécher; on en pèse un demi-kilogramme (vingt onces), on le passe au crible pour en séparer le gravier et les fibres végétales, que l'on pèse séparément, et que l'on conserve pour les mieux examiner.

On met la terre qui a passé par le crible dans un creuset pour faire évaporer son eau d'absorption, qui, d'après la judicieuse remarque de M. Humphry Davi, doit être distinguée de l'eau principe qui entre dans sa composition chimique ; et pour ne pas donner un degré de chaleur capable de décomposer l'humus, il conseille de placer un morceau de bois blanc au fond du creuset, et de cesser de chauffer dès qu'il commence à brunir.

Il pèse alors la terre évaporée, et si le déficit s'élève jusqu'à huit pour cent, la terre est très-absorbante et contient beaucoup d'alumine ; si au contraire il ne s'élève qu'à quatre ou cinq pour cent, elle l'est très-peu, et la silice domine.

Quoique ce calcul ne soit pas bien exact, parce que le degré d'absorption des terres dépend autant de leur nature que de leur mode d'agrégation entre elle et l'humus, et de leur proportion, néanmoins il peut suffire, lorsqu'on ne veut connaître que par approximation et par comparaison, la quantité d'eau d'absorption qu'une terre contient.

Cette terre, dont on a noté le poids, est remise dans le creuset : on la fait rougir, en agitant le mélange avec une verge métallique, jusqu'à ce qu'elle ne fume plus, et que sa couleur noire ait disparu. La diminution du poids, après cette opération, indiquera celui de l'humus.

Si en opérant on sent l'odeur de plume brûlée , c'est un indice certain , dit M. Davi , qu'il contient des matières animales ; tandis qu'une flamme bleue et vive indique les matières végétales.

On prend la terre qui reste dans le creuset, dont on connaît la quantité d'eau d'absorption et celle de l'humus, on la laisse refroidir , on la place dans un récipient de verre, dans lequel on verse trois livres d'eau de pluie ou de citerne , en agitant le tout avec une baguette de bois ; s'il y a du sable , on le voit se précipiter peu à peu , et les terres les plus tenues restent suspendues dans le liquide ; on décante l'eau boueuse que l'on verse sur un filtre de papier sans colle ; on répète le même lavage pour bien séparer le sable de son mélange avec la terre. L'eau qui passe à travers le filtre, contient les sels qui ont été dissous, et dont on ne tient pas compte, par les raisons susdites , et l'on a sur le filtre la terre séparée du sable.

On sèche le sable et on le pèse. On y verse peu à peu de l'acide du sel marin , et par l'effervescence on s'assure s'il est calcaire. Ce que l'acide n'attaque pas est de la silice, qu'on lave, qu'on fait sécher en la chauffant fortement dans un creuset, et qu'on pèse ensuite. La différence entre son poids et celui qu'avait le sable, indique la quantité de sable qui a été dissous. Si par contraire l'acide n'avait aucune action sur le sable, on aurait la preuve qu'il est entièrement siliceux.

C'est avec le même acide que l'on analyse le gravier retiré du crible dans la première opération, et que l'on s'assure s'il est calcaire ou siliceux.

On verse ensuite du même acide affaibli dans deux fois son volume d'eau, et en poids double de celui de la terre sur le résidu ci-dessus séparé du sable, et on agite jusqu'à ce qu'il n'y ait plus d'effervescence, et tout le carbonate de chaux se dissout avec le peu de magnésie et d'oxide de fer qu'il peut y avoir. On évapore à une douce chaleur la dissolution jusqu'à consistance pâteuse, on délaye dans l'eau, on filtre, et l'alumine reste sur le filtre avec la silice. On lave ce résidu, on le sèche, et on le pèse, et la diminution du poids, indique celui des terres calcaires **et** magnésiennes dissoutes par l'acide.

Pour les séparer, on verse dans la dissolution de l'eau de chaux claire tant qu'il s'**y** forme de précipité ; on le ramasse sur **un** filtre, **on le lave, on le sèche, on le pèse** ensuite, et l'on a la magnésie. **Ce qui manque** au poids précédent qui indiquait les terres dissoutes, fait connaître la terre calcaire.

Le fer et le manganèse, s'il y en a , se précipitent avec la magnésie ; on les néglige par les mêmes raisons données, sauf à faire examiner le précipité par des chimistes de profession, si on en est bien aise.

Pour séparer de la silice l'alumine restée sur le filtre, on la fait sécher et on la pèse. On prend note du poids et on la place dans une fiole à médecine avec de l'acide sulfurique (huile de vitriol de commerce), délayé dans quatre fois son poids d'eau, et en proportion un peu plus forte que celle du poids de la terre ; on met le tout en ébullition pendant deux à trois heures , l'alumine se dissout, et ce qui reste est de la silice qu'on lave et qu'on pèse après l'avoir desséchée ;

son poids défalqué de celui ci - dessus , désigne celui de l'alumine , dissoute par l'acide.

On récapitule tous ces produits , en commençant par le gravier et les fibres végétales obtenues par le crible , et l'on doit avoir , à quelque différence près , le poids primitif de la terre analysée , parce qu'on a négligé les sels et oxides métalliques , que la terre ne contient jamais qu'en petite quantité. Mais cette analyse suffit pour les cas les plus ordinaires de la pratique agricole , où l'on est obligé d'avoir recours : d'autant plus que ce n'est jamais que par approximation que l'on peut amender les terres que l'on compare.

Le sol agraire peut donc être divisé en trois grandes classes : la première est celle des *sols siliceux* des pays primitifs et de transition ;

La seconde, celle des *sols calcaires* des pays secondaires et de nouvelle formation ;

La troisième, celle des *sols glaiseux* ou *argileux*, les plus répandus de tous , puisqu'on les trouve dans les terrains de toutes les formations. Aussi observe-t-on que c'est le mélange de l'argile avec les terres calcaires et siliceuses, qui leur donne la consistance nécessaire pour être propres à la culture de la généralité des plantes.

Ces trois grandes classes de terrains peuvent être sous-divisés en plusieurs classes secondaires, selon que le principe qui y domine est de l'argile, de la terre calcaire ou de la silice, ainsi l'on aura :

PREMIÈRE SÉRIE.

1.° *Les terres argilo-calcaires*, graveleuses, pierreuses, ou sabloneuses sans pierre ni cailloux : elles sont plus ou moins grasses et compactes, absorbent plus ou moins l'humidité, et s'endurcissent par la sécheresse, selon que l'argile y domine plus ou moins ;

2.° *Les terres argilo-siliceuses*, ou terres fortes des sols siliceux : ce sont les plus productives, surtout quand on peut les amender avec la chaux, ou avec la marne calcaire;

3.° *Les terres argilo-calcaires siliceuses*, ou terres fortes des sols calcaires : elles sont très-compactes, absorbent et retiennent fortement l'humidité, l'engrais s'y conserve plus long-temps que dans les précédentes, mais la marne ne leur convient pas. Ce sont les terres les plus fertiles pour les céréales, lorsque les pluies ne les inondent pas, et qu'il ne règne pas une trop forte sécheresse.

SECONDE SÉRIE.

4.° *Les terres calcaires argileuses* : terres chaudes qui exigent beaucoup d'engrais, parce qu'elles le consomment précipitamment. Si elles sont sabloneuses ou mélangées de gravier, elles sont plus légères et plus fertiles. Ce sont des espèces de marnes naturelles. Elles sont très-multipliées dans le ci-devant pays de Provence ;

5.° *Les terres calcaires siliceuses* : celles-ci n'ont pas de corps, et sont en général peu fertiles. Les pluies en enlèvent tous les sucs nourriciers. L'engrais végétal leur convient

vient le mieux. Les terres crayeuses sont de ce nombre ;

6.° *Les terres calcaires argileuses et siliceuses :* ce sont des terres fortes, mais à un degré inférieur à celui des terres argilo-calcaires siliceuses, à raison du calcaire qui y domine. Elles sont naturellement très-fertiles, mais elles consomment trop tôt les engrais.

Troisième Série.

7.° *Les terres silico - argileuses*, des sols siliceux : elles sont peu fertiles, à raison du sable qui s'y trouve. La chaux et la marne leur conviennent très-bien. Si elles contiennent du gravier ou trop de sable, elles sont encore moins fertiles ;

8.° *Les terres silico-calcaires*, des sols secondaires : ce sont les plus légères. On les cultive facilement. L'engrais n'y dure pas. On les améliore avec de la glaise ;

9.° Enfin, *les terres silico-calcaires argileuses*, des mêmes sols, qui sont en général, chaudes et légères, et d'une excellente qualité ; mais si l'argile y domine sur le calcaire , elles sont alors froides et moins légères. Elles conviennent à presque toutes les plantes.

Il n'est aucune terre qu'on ne puisse ranger dans quelqu'une de ces classes ; et cette méthode de classement nous a paru simple , plus facile à comprendre , et par cette raison , préférable à celle qu'a proposée M. de Barbançois , dans les Annales d'agriculture , tom. 2 , année 1818.

Il ne suffit pas de connaître l'origine des terres , leur nature particulière, et celle des terrains où elles dominent ; il né suffit pas de savoir les distinguer les unes des autres , de les analyser , et de les classer suivant l'ordre de leur composition ; un agriculteur doit encore examiner si elles ont des propriétés particulières, capables d'influer dans la végétation , et quelles sont les qualités qui les rendent plus ou moins propres à la culture.

La question de l'influence des terres sur les plantes , est , selon M. Chaptal (1) , une

____

(1) Chimie appliquée à l'Agriculture.

des plus importantes et des plus difficiles à traiter. Nous allons essayer de la résoudre, vu les avantages qui peuvent en résulter dans la pratique agricole.

La terre est à l'égard des plantes qui végètent dans son sein, ce que sont l'air et l'eau pour l'existence et la vie des animaux. Si l'on prive ces êtres organisés de l'élément dans lequel la nature les a placés, ou si l'on substitue à cet élément, les élémens plus simples qui servent à le composer, dans l'un et l'autre cas, ils ne tardent pas à cesser de vivre : preuve certaine de l'influence nécessaire de l'élément dans lequel la nature les a fait naître. Il n'est donc pas surprenant que les plantes ne puissent végéter dans des terres pures, obtenues chimiquement, puisque l'analyse chimique décompose les terres sur lesquelles elle opère, et les met en un état de simplicité, entièrement opposé à celui où la nature nous les offre.

C'est pour avoir assimilé les terres du sol arable avec celles que l'on obtient par les

procédés chimiques , que de célèbres agro-
nomes les ont regardées comme étant dans
une inertie absolue dans l'acte de la végétation , incapables de fournir aucun principe
fertilisant , et ne servant que de support aux
plantes qui ne vivent , selon eux , que de
l'air , de l'eau , du calorique , de la lumière ,
des différens gaz de l'atmosphère , et du
carbone provenant de l'humus.

Cette assertion , soutenue par Humphry
Davi , célèbre Chimiste anglais , s'est tellement accréditée et propagée , encore de nos
jours , malgré la critique de M. Matthieu de
Dombasle , qu'on ne saurait accumuler trop
de faits pour la combattre , vu son influence
dans la pratique de l'agriculture.

Comment admettre que les terres soient
dans un état passif à l'égard des plantes ,
lorsqu'il est reconnu que même la matière
brute, n'est pas dans un état d'inertie absolue,
et que dès l'instant qu'elle s'organise pour
former les diverses matières employées au
développement des germes , elle perd son
inaction apparente, pour concourir de manière
ou d'autre à leur accroissement?

Quoiqu'il soit constaté que les terres obtenues chimiquement sont infertiles , et qu'elles
ne peuvent devenir productives qu'autant
qu'on les mélange avec du terreau , ou qu'on
les arrose avec de l'eau de fumier , ce n'est
point une raison pour regarder les terres
ordinaires , telles que la nature nous les présente, abstraction faite du terreau , comme
étant également stériles , puisque les faits
nous prouvent le contraire.

Nous avons établi que les terres ont pré-
cédé l'existence des végétaux et des animaux,
qui, par leur décomposition, forment l'humus
ou terreau ; elles avaient donc toutes les qualités nécessaires à la végétation avant la formation de cet humus , auquel on attribue
toute leur fertilité. De nos jours même , on
trouve des terres , rares à la vérité , qui
sont naturellement très-fertiles sans le secours
des engrais ; il suffit , pour les bonifier , de
renouveler leur surface à l'air par des labours
appropriés. Il y a donc d'autres causes indé-
pendantes de l'humus qui peuvent également
rendre les terres fertiles.

L'influence de l'air ou des gaz de l'atmosphère, pour bonifier les terres par leur combinaison avec elles, est prouvée par beaucoup de faits et d'observations :

1.º Par l'utilité bien reconnue des labours, dont le but est de diviser les terres, de les rendre plus meubles, plus perméables, d'en mélanger les molécules, et de leur faire présenter plus de surface au contact de l'air qui les fertilise ;

2.º Par l'état de mort ou de langueur qui survient aux semences, lorsqu'étant enfouies trop profondément, elles sont privées des influences de l'air et de la lumière ;

3.º Par les avantages que l'on retire dans les plantations des arbres, en creusant, au préalable, les fosses qu'on leur destine, afin que les terres qui doivent les recevoir, puissent avoir le temps de s'améliorer en absorbant les fluides aériformes ;

4.º Par la propriété qu'a l'argile de perdre sa ténacité, de s'émietter en se granulant par le gel et le dégel, et d'augmenter par là de volume et de fécondité ;

5.º Par la faculté qui lui fait absorber tous

les gaz , après avoir été fortement desséchée ,
et ensuite humectée ;

6.º Par la grande fertilité des terrains vol-
caniques , lorsque les laves se sont décomposées à l'air, et converties en argile , etc. etc.

Tous ces faits , et beaucoup d'autres que
l'on pourrait ajouter , démontrent cette influence des principes gazeux de l'atmosphère sur les terres, sans qu'on puisse néanmoins déterminer quelle est la nature de ces
gaz , si c'est l'oxigène, le carbone ou l'azote,
etc. , ni comment ils les pénètrent et se combinent avec elles pour les rendre propres à
la végétation.

Mais en sait-on davantage, quant à l'influence
de la lumière et du calorique sur les feuilles
des plantes, sur les fleurs et sur les fruits ?
On sait , à n'en pouvoir douter , d'après des
expériences authentiques, que sans la lumière,
les feuilles ne pourraient décomposer l'acide
carbonique de l'air , pour s'en approprier
le carbone dont la plante se nourrit , ni ex-
pirer pendant le jour de l'oxigène , produit
de cette décomposition ; on sait également,
que c'est au concours de la lumière et de

la chaleur , que les fleurs et les fruits doivent leur couleur et leur parfum : mais on
ne saurait en donner aucune explication
satisfaisante , fondée sur aucune théorie chimique : Eh ! combien de faits , en physique ,
comme en morale , qui , quoique certains
et vrais , sont cependant inexplicables ?

A la vérité , aucune expérience directe ne
prouve , à l'égard des terres , qu'elles influent
dans la végétation au moyen des gaz qu'elles
récèlent , comme cela a lieu pour la lumière ;
mais les preuves de cette influence gazeuse
sont si multipliées , qu'elles équivalent à une
démonstration. On pourrait la comparer à
celle des saisons sur les récoltes : *il vaut
mieux saison que labouraison* , dit Olivier
de Serres ; *annus fructificat , non terra* ,
suivant un ancien proverbe. Tout le monde
en convient , et cependant personne ne peut
en donner la raison.

Quoiqu'il soit reconnu par les expériences
de M. de Saussure , que les plantes prennent
plus de nourriture par leurs feuilles que par
leurs racines , on ne peut pas avancer qu'elles
puisent dans l'air tous les sucs nourriciers

dont elles ont besoin , puisqu'il est également prouvé que les sucs fournis par la terre ne sont pas moins indispensables , et que sans eux les plantes ne végètent que momentanément et d'une manière incomplète , sans pouvoir se reproduire , comme cela arrive, par exemple , aux bulbes que l'on fait végéter dans l'eau ou que l'on plante dans des terres pures exemptes de tout mélange.

Ainsi , parmi les principes que les terres peuvent fournir aux plantes , certainement les gaz jouent un rôle principal , et ce qui peut contribuer à favoriser leur introduction dans les terres , c'est la ténuité des molécules de celles-ci , qui les dérobe à l'imperfection de nos sens ; leur perméabilité qui leur fait remplir les fonctions de tubes capillaires; et leur grande tendance à se combiner entre elles , ou avec l'humus.

Les terres , en effet, dans leur état naturel , ne sont ni pures , ni saturées d'oxigène , au point de ne pouvoir contracter aucune autre combinaison , comme le pensait Humphry Davi ; elles sont au contraire , mélangées et combinées entre elles d'une manière très-variée , selon les localités ; et l'expérience fait voir que le sol agraire , vu la rareté de la magnésie , étant essentiellement composé de terres calcaires , argileuses ou siliceuses , est d'autant plus fertile , que ces trois terres y sont mélangées dans les proportions les plus convenables pour produire la fertilité : de sorte que de deux champs bien labourés et bien fumés , celui en bonne terre produira toujours plus que celui qui est dans un mauvais fonds ou dans un terrain médiocre, d'où il paraît évident que les terres , par l'acte même de leur combinaison entre elles, acquièrent des propriétés bien opposées à l'état d'inaction qu'on veut leur supposer.

Les terres , indépendamment de leur mélange et de leur combinaison entre elles , ne sont point toujours à l'état neutre combinées avec l'acide carbonique, ou saturées par l'oxigène ; la chaux , et la magnésie quand elle s'y trouve , y sont à l'état de sous-sel comme à l'état de carbonate neutre , et quelquefois à l'état de silicate neutre , ou à différens degrés de saturation , selon qu'elles se combinent, ou avec l'acide carbonique, ou avec la silice qui y fait fonction d'acide. La silice peut également se combiner avec l'alumine, et former avec elle d'autres silicates.

Ainsi, tout nous prouve que les terres sont susceptibles de former des combinaisons variées, et principalement avec les gaz de l'atmosphère, comme avec ceux qui se dégagent de la décomposition des engrais. S'il pouvait encore y avoir du doute à cet égard, d'autres preuves, acheveront de détruire cette prétendue inertie des terres que l'on voudrait faire admettre.

En effet, les terres entrent dans la composition des végétaux comme terres ; elles y entrent aussi mélangées ou combinées à l'état de sels avec les substances salines et métalliques que l'on y découvre en les analysant, et elles ont de plus la propriété de rendre l'humus soluble par l'humidité qu'elles renferment, en enlevant l'oxigène à l'engrais, pour mettre à nu son carbone, qui devient alors susceptible de pénétrer par les filières du chevelu des racines. C'est ce qu'une expérience journalière fait voir dans les pays où l'on est dans l'usage de marner les terres et d'employer la chaux vive pour engrais.

La marne et le carbonate de chaux employés pour amender les terres , exercent, indépendamment de leur action mécanique, une action chimique sur l'humus , qui , peu à peu se consume et s'épuise pour augmenter la fertilité du sol : ce qui oblige à renouveler plus souvent les engrais qui le fournissent. Cet effet est encore plus sensible avec la chaux vive , parce que n'étant pas neutralisée, elle agit plus promptement et d'une manière plus efficace. Dans le même temps que ces effets se produisent, la chaux comme la marne et le carbonate de chaux, perdent de leur énergie , s'épuisent également par suite de leur décomposition ; une partie est absorbée comme terre , et plutôt ou plus tard, selon le plus ou moins de temps qu'ils employent à produire ces résultats, on est obligé de renouveler ces sortes de marnages , pour continuer à jouir des avantages qu'ils procurent. La nécessité d'y avoir recours se manifeste , lorsque l'on s'aperçoit que les récoltes baissent sans que l'on di-

minue la dose de l'engrais. Nous nous ré-
servons d'en parler plus amplement à l'article
des amendemens.

Toutes les terres peuvent être ainsi absor-
bées en petite quantité : leur présence est
démontrée par l'analyse de la séve et des
cendres , que l'on obtient des plantes ,
après les avoir incinérées. Cette absorption de la terre et de l'humus qui s'opère
à notre insçu , sans que l'on puisse la
révoquer en doute, est encore prouvée d'une
manière en quelque sorte visible , dans les
vases où l'on fait végéter des plantes avec
de la terre mélangée de terreau. On y
aperçoit bientôt un chevelu qui entoure la
terre du vase, qui s'alonge peu à peu , et
devient de plus en plus touffu, et qui finit,
à la longue, par s'accroître à un tel point,
qu'il prend la place que la terre et le terreau
occupaient avant sa formation. Ce fait, que
chacun peut observer , vient d'être reconnu
comme preuve certaine de l'absorption dont
il s'agit , par une expérience toute récente
que vient de faire un agriculteur de Bordeaux :

M. Reynier a mêlé du sable très-fin dans un vase avec du terreau , et il y a semé une pomme de terre qu'il a eu soin d'arroser. Le sable et le terreau ont fini par disparaître , et les tubercules ont occupé toute la capacité du vase.

Il est donc bien reconnu que les terres influent de plusieurs manières dans la végétation , soit par les gaz qu'elles fournissent, soit en entrant comme terre dans la composition des végétaux , et par la propriété qu'elles ont de rendre l'humus soluble à l'aide de l'humidité qu'elles contiennent. Mais avant d'examiner de quelle manière cette influence s'opère , nous croyons devoir faire observer , quant à la présence des terres dans les plantes , que l'alumine est celle qui s'y rencontre le plus rarement et en moindre quantité , quoiqu'elle soit la plus répandue , et qu'elle se trouve dans les terrains de toutes les formations : si l'on considère que cette terre , par sa faculté d'adhérer à la langue et de se contracter , est la plus hygroscopique de toutes les terres , c'est-à-dire , qu'elle a la propriété d'absorber et de retenir l'humidité

sans laquelle il ne saurait y avoir de végétation ; si l'on considère qu'elle bonifie tous
les terrains, pourvu qu'elle n'y soit pas en
trop forte proportion, et qu'elle ménage la
consommation de l'engrais, sans diminuer
pour cela la fertilité du sol ; quand on se
rappelle toutes ses autres propriétés déjà men-
tionnées, on doit en conclure que cette terre
mérite d'être distinguée des autres par ses pré-
rogatives, et que son principal rôle, comme
terre, doit moins consister à faire partie de
la substance des végétaux, qu'à leur fournir
les principes gazeux dont on a parlé, et avec
lesquels elle a plus de tendance à la combinaison que les autres terres.

Voyons à présent comment s'accomplit
cette influence des terres que nous avons
reconnue.

Nous disons que c'est dans le point de
contact des terres avec les extrémités des
racines et des filières de leur chevelu, que
cette influence a lieu, parce que c'est à ce
point, que la force de succion des racines
lutte contre celle de la cohésion des molécules

de la terre , et que c'est alors que les élémens nutritifs qui s'en dégagent , changent de
nature par leur réaction réciproque , ou se
modifient avant d'entrer en combinaison pour
devenir solubles , et composer la séve dont
elles sont le véhicule.

Ce nouveau mode de nutrition des plantes,
par le concours de la terre avec les racines,
n'avait pu être encore observé , parce que
les terres étant considérées comme purement
passives dans la végétation , et ne servant
que de simples supports aux plantes, on ne
pouvait avoir égard qu'à la force d'absorption
des racines pour expliquer le mécanisme dont
il s'agit.

Ce mécanisme de nutrition devant s'exécuter en même temps que celui qui s'opère
par les feuilles , d'après les lois de structure
qui font correspondre les feuilles avec le
chevelu , et les tiges avec les grosses racines ,
il est nécessaire de le développer dans tout
son jour , pour parvenir à connaître en quoi
consiste cette correspondance; comment elle
s'exécute par l'intermédiaire de la séve ; et
quelles sont les causes qui peuvent y mettre
obstacle :

obstacle : ce qui nous oblige, pour l'envisager sous tous ses rapports , de remonter aux premiers principes de la physiologie végétale , seuls capables d'en faire comprendre l'application.

Chaque graine renferme dans ses lobes le fœtus ou embryon végétal, qui doit se développer par une racine qui en sort la première , et par une tige qui la suit immédiatement. Cette racine ou radicule , quelle que soit la position de la graine , se dirige toujours perpendiculairement de haut en bas dans la terre , tandis que la tige ou plumule s'élève de bas en haut dans l'atmosphère , en suivant la même direction. On appelle *collet* de la plante le point d'intersection dans les lobes , où la racine commence , et où la tige finit.

On voit par cette direction constante de la tige et de la racine , que celle-ci est destinée à vivre dans la terre , comme celle-là dans l'air de l'atmosphère , pour y puiser chacune en particulier , la nourriture qui est nécessaire à la plante.

Cet ordre de choses peut néanmoins **être** interverti, puisque, suivant les expériences de Duhamel, on peut, des tiges, en faire naître les racines, et réciproquement des racines, les tiges, en changeant la disposition naturelle de certain végétal, et en le plantant renversé sans dessus-dessous. Cette expérience, plutôt curieuse qu'utile en agriculture, a l'avantage de nous montrer qu'il doit y avoir entre les feuilles et le chevelu, des rapports de structure et d'organisation, qu'il est très-important de connaître.

Ces rapports existent en effet, comme nous allons le démontrer. Chaque plante est recouverte par un tissu cellulaire herbacé qui en forme l'écorce; on distingue dans celle des arbres dicotylédons, *l'épiderme*, *les couches corticales*, et *le liber*. Les mailles les plus extérieures de ce tissu, forment cette membrane demi transparente qu'on appelle épiderme; sous cette enveloppe sont placées les couches corticales plus épaisses, dont les plus voisines de l'aubier prennent le nom de liber, à cause qu'elles sont arrangées comme les feuillets d'un livre :

l'aubier est cette première couche ligneuse, distincte du liber, qui, peu à peu, s'endurcit et se convertit en véritable bois.

Il résulte de cette description, que le liber est un tissu herbacé qui fait partie de l'écorce sous laquelle il est immédiatement placé ; qui touche à l'aubier sans en faire partie ; et qui par conséquent ne se convertit pas en aubier, comme on pourrait le croire. L'on peut voir dans la Physiologie végétale de Myrbel, de quelle manière le liber et l'aubier se renouvellent au moyen du *cambium* de Duhamel : substance mucilagineuse de la consistance du blanc d'œuf, produite par une séve très-élaborée, qui suinte des parois du liber et de l'aubier , et qui se change insensiblement en aubier et en liber, en formant un tissu organisé pour chacun d'eux, qui se continue avec l'ancien ; ce qui arrive à deux époques différentes de l'année , au printemps et en automne ; de sorte qu'après chaque séve de printemps et d'automne, un nouveau liber se forme, ainsi qu'un nouvel aubier. Celui-ci remplace le précédent qui se change en bois , et celui-là l'ancien liber qui devient alors couche corticale.

L'arbre , à ces époques , grossit par les nouveaux feuillets du liber et de l'aubier qui y forment des couches circulaires et concentriques , et l'écorce se prête à cette augmentation de volume , parce que les mailles de son tissu s'élargissent en même temps, tandis que l'épiderme, qui ne peut prendre de l'accroissement , se fend et se déchire.

Dans les arbres monocotylédons, comme les palmiers et autres qui n'ont pas une écorce distincte du reste du tissu végétal , le cambium se dépose autour des filets ligneux pour accroître leur pourtour , et il alonge leurs branches et leurs racines en se portant à leurs extrémités : on n'y voit pas des couches concentriques , ni le canal médullaire avec ses prolongemens , que l'on voit au centre des arbres dicotylédons ; la moelle y est disséminée dans toutes les parties de la tige et de la racine.

Dans les plantes annuelles, il est clair que le liber ne se renouvelle pas, puisque chaque annéc il cesse de végéter , se fane , et meurt avec la plante.

Or , les feuilles et le chevelu , sont des expansions ou prolongemens du liber , d'où il résulte que leur structure est la même.

La nature a doué les appendices du liber d'une force de succion dépendante de leur principe de vie qui leur fait absorber de l'air , de l'eau et de la terre , les principes dont les plantes ont besoin pour se nourrir : de manière que les feuilles et le chevelu deviennent les organes de la nutrition par l'intermédiaire du liber. Voilà pourquoi la nature a fait développer le liber de la tige en surfaces applaties, pour former les feuilles par la division de ses fibres , avec leurs nervures ou côtes , leur queue ou pétiole , et le parenchyme qu'on y observe , afin de leur donner plus de surface aérienne , propre à puiser dans l'air les principes dont il s'agit ; tandis que le liber des racines se développe à son tour , pour former le chevelu , qui s'alonge en forme de tuyaux ou de filières extrêmement déliées et multipliées, afin d'augmenter le nombre de leurs ouvertures capillaires et inhalantes, destinées à extraire du sein de la terre, ces mêmes principes.

Cette propriété absorbante, ou cette force de succion et d'aspiration des feuilles et du chevelu, est bien également commune au liber de la tige, comme à celui des racines ; mais on conçoit que l'absorption du liber eût été insuffisante pour nourrir les plantes sans le secours des feuilles et du chevelu, qui ont été organisés spécialement pour cet objet. Cependant, on doit regarder le liber comme l'organe le plus important dans la végétation, parce qu'indépendamment de cette propriété dont il jouit, il est en même temps l'organe de la séve, qui sert de véhicule à tous les sucs nourriciers, sans laquelle aucun organe ne pourrait exécuter ses fonctions (1).

Les feuilles et le chevelu ont donc des fonctions analogues à remplir. D'où il suit

____

(1) Ce qui prouve que la force de succion se fait par le liber, c'est que la séve monte dans une plante privée de feuilles, de boutons et de racines, et non dans une branche absolument privée d'écorce.

que la terre est , à l'égard du chevelu , ce qu'est l'air à l'égard des feuilles. Ainsi , la séve qui renferme tous les sucs nourriciers , les distribue au moyen du liber dans toutes les parties de la plante , après avoir reçu dans les feuilles et le chevelu , les élaborations convenables , et avant de pénétrer dans les vaisseaux ligneux de l'aubier. Quant aux plantes sans cotylédons, comme les lichens, qui n'ont point de racines proprement dites , leur organisation y supplée : elles ont des suçoirs en forme d'entonnoirs dont les lèvres s'appliquent aux pierres comme aux végétaux , pour en aspirer un suc nourricier , en même temps qu'elles en soutirent de l'air par leurs pores absorbans.

Pour compléter les preuves que nous avons données sur le mécanisme de la nutrition du chevelu , il nous reste à examiner de quelle manière la séve circule ; quelle est la correspondance qui s'établit par son moyen entre les feuilles et le chevelu ; quelles sont les règles à suivre pour maintenir cette correspondance dans son intégrité , lors des semis et plantations ; enfin, ce que l'on sait au sujet des élaborations qu'elle éprouve dans le tissu des feuilles ; et quelles sont celles qui s'opèrent dans le chevelu avec le concours des terres.

De quelque manière que la séve circule, que ce soit par l'effet d'une contractilité organique, ou par l'effet d'une cause purement physique provenant de l'attraction des tubes capillaires, du vide produit par la transpiration des plantes, ou de la dilatation et du dégagement de l'air qu'elles contiennent, comme le pense M. Myrbel : il est certain qu'elle monte et qu'elle descend par un mécanisme sur lequel on n'est point encore d'accord. Car, on la voit, au printemps, s'élever vers les feuilles, pour y recevoir alors des élaborations propres à la reproduction des fleurs et des fruits ; et descendre ensuite en août, vers les racines qui s'en nourrissent, et qui lui servent de réservoir pendant l'hiver.

Dans cette saison, la végétation extérieure est suspendue par défaut de chaleur suffisante. Le principe de vie qui n'existe plus dans les feuilles, et qui est sans action dans les tiges , se porte vers les racines où la terre conserve une chaleur supérieure à celle de l'atmosphère, et suffisante pour y entretenir le mouvement organique ; et c'est alors que la nutrition s'opère dans les racines par la séve qui y abonde. On les voit en effet grossir et croître , se fortifier et alonger leur chevelu , pour aller chercher leur nourriture, et se disposer ainsi à faire pousser la tige avec plus de vigueur , lorsque la chaleur du printemps exercera son action. On vérifie ce fait lorsqu'on recèpe dans une pépinière les tiges des jeunes plants qui ont quelques années de pousse ; la tige qui vient l'année suivante, se développe avec tant d'énergie , qu'elle acquiert une hauteur et une grosseur très - remarquables, en comparaison de celles des plants non recepés.

La structure des racines favorise la propriété qu'elles ont de servir de réceptacle à la séve. La matière ligneuse et la moelle y abondent moins que dans les tiges ; leur tissu ligneux y est plus filamenteux et moins compacte ; et le réseau qui est au centre, étant plus lâche et plus susceptible d'être dilaté, leur permet de servir de réservoir ou de récipient à la séve, pendant l'hiver.

Pour que la séve puisse circuler librement et s'élever des racines dans les tiges, et réciproquement descendre des tiges dans les racines, il faut que la plante soit placée de manière à pouvoir exercer sa force de succion dans toute son intégrité, et entretenir la correspondance qui s'établit entre les feuilles et le chevelu, comme entre les tiges et les grosses racines, à raison de leur structure analogue. Les feuilles, en effet, correspondent avec le chevelu par le moyen du liber qui les forme; et les tiges correspondent avec le pivot racine-mère et ses branches collatérales, puisque celles-ci grossissent comme les tiges, se bifurquent ou se ramifient comme elles, et qu'elles n'en diffèrent que par leur terminaison en chevelu au lieu de feuilles. Aussi, observe-t-on, dans le cas de maladie de quelqu'une de leurs branches, que celles de la tige qui y correspondent s'en ressentent plus ou moins; et, dans le cas contraire, si elles

prennent plus d'embonpoint par un excès
de nourriture, les rameaux correspondants
de la tige deviennent plus forts et plus vigou-
reux.

Quant à la correspondance des feuilles
avec le chevelu, elle est également sensible,
puisque lorsqu'elles tombent par la rigueur
de la saison, le chevelu les remplace en con-
tinuant à croître et à s'alonger. Si on les
enlève au printemps, après qu'elles sont
épanouies, la séve fournie par le chevelu
se porte vers les boutons qui ne devaient les
renouveler qu'au printemps suivant, on les
voit grossir et s'ouvrir bientôt pour les rem-
placer : enfin, si on continue à enlever les
nouvelles feuilles, la nutrition ne peut plus
se faire comme il convient, faute d'élaboration des sucs nourriciers par les feuilles ; la
séve qui continue à monter, engorge tous les
vaisseaux, elle fermente, la plante souffre,
et finit par périr.

C'est de la position du collet de la plante
que dérive le maintien de l'ordre établi pour
la circulation de la séve. Ce collet est le
siége du principe de vie qui se manifeste par

la force de succion , d'absorption ou d'aspiration. C'est à partir de ce collet , que cette force s'exerce et devient si sensible et si énergique dans les feuilles de la tige comme dans le chevelu des racines ; il est tellement le centre vital de la plante , que si on coupe la tige d'une plante annuelle au-dessous de ce point, la plante meurt ; tandis que si on la coupe au-dessus , la racine pousse une nouvelle tige : c'est encore de ce centre que partent les tiges des plantes vivaces qui se renouvellent tous les ans.

Il est donc important, en agriculture , de faire attention à la position du collet de la plante dans la terre ; il ne faut pas qu'il soit trop enfoui, parce que c'est de là que part la force d'aspiration de la tige, pour aller prendre sa nourriture dans l'air , et celle de la racine, pour aller la chercher dans la terre. Si la graine est trop enterrée quand on la sème, la tige qui en sort ne peut surmonter la résistance que la terre lui oppose, elle s'épuise par les efforts qu'elle est obligée de faire, elle succombe et meurt ; ou si elle parvient à végéter, elle est toujours faible et languissante.

Si c'est un arbre que l'on plante et que son collet soit trop enfoncé dans la terre, le même inconvénient a lieu ; sa tige qui doit vivre de l'air , ne peut prendre toute sa nourriture, les racines n'ont plus la même force pour faire monter la séve , et l'arbre languit ou cesse de vivre. Si on enlève la terre qui est en excès sur le collet, l'arbre reprend peu à peu sa vigueur naturelle et tout l'embonpoint dont il est susceptible.

Si la graine au contraire , est trop peu enterrée , l'adhérence de ses racines avec la terre est trop faible , la nutrition se fait mal, le contact de l'air dessèche les racines , et la plante périt. Cela arrive encore par le gel et le dégel qui surviennent aux terres humides : on voit la terre se soulever , et le chevelu s'en détacher ; la végétation s'arrête et l'humidité fait pourrir la semence, à moins qu'il ne soit possible d'y passer le rouleau pour raffermir le sol et le rétablir dans son premier état.

Dans la classe des graminées qui n'ont

qu'un cotylédon, le blé, par exemple, pousse de son collet, une racine d'où sort un cercle de chevelu ; mais si le grain est trop enfoui, le premier nœud de la tige fait fonction de collet, il produit un nouveau chevelu qui remplace le premier, et entretient sa correspondance avec la tige elle-même, qui soutire alors plus facilement les influences de l'air.

Les rejets de souche qui viennent autour des arbres sont toujours placés à peu de profondeur dans la terre : en partant des racines, ils poussent un chevelu qui correspond avec la tige et lui procure plus de vigueur ; s'ils sortent du pied de l'arbre et hors de la terre, ce sont alors de simples bourgeons qui prennent leur nourriture du collet ou de la racine mère sans produire de chevelu.

Il résulte de toutes ces observations, que l'on ne doit pas enfouir trop profondément les graines que l'on sème, ni le collet des arbres que l'on plante, pour ne pas interrompre le mécanisme de leur nutrition. Mais à quelle distance de la surface du sol doit-on semer ces graines, ou placer le collet

des arbres pour en obtenir la meilleure végétation? Peut-on assigner une limite qui con-
vienne à toute espèce de plante? Nous allons
voir que c'est à l'expérience que l'on doit
renvoyer la solution de ces questions.

Parce que la nature fait pousser au milieu
du feuillage de nos forêts, converti en terreau, quelques graines parmi le grand nombre
de celles qui tombent des arbres, et qui sont
inutiles pour la reproduction de l'espèce,
il ne s'ensuit pas qu'on doive la prendre
pour modèle, en fait de semis et plantations, comme vient de le faire un auteur
moderne dans un ouvrage *ex professo*,
qu'il a publié sur cet objet. Cet auteur pré-
tend qu'à l'imitation de la nature, toute
graine, de quelque espèce qu'elle soit, doit
être à peine recouverte de quelques lignes de
terre lorsqu'on la sème, et il en fait une loi
générale pour toute sorte de semis.

Si la nature a été si prodigue dans la production des graines des plantes, comme elle
l'a été à l'égard de la fécondité des poissons
de la mer, c'est qu'elle n'a pas eu seulement

en vue de renouveler l'espèce , mais encore
de pourvoir à la subsistance des animaux
qui doivent s'en nourrir ; l'homme n'ayant
pas ce double objet en vue , cherche au contraire à suppléer par la raison et par l'art ,
à ce que la nature n'a pas voulu faire ; il
prépare la terre pour la rendre plus fertile ;
il économise la semence qu'il y répand pour
la rendre toute productive bien loin de la
prodiguer , et il l'applique entièrement à son
usage.

D'ailleurs , les plantes ont reçu de la nature
un principe de vie qui leur imprime un mouvement organique : il tend à faire monter leur
tige , à faire descendre leurs racines et alonger
leur chevelu. Cette impulsion naturelle est
capable de vaincre une certaine résistance
que peut leur opposer le sol où elles doivent
végéter , surtout lorsqu'il est rendu meuble
par les labours , et que par des binages faits
à propos , on favorise l'introduction de l'air
et du calorique , comme celle des rosées et
des petites pluies ; mais dans aucun cas , on
ne peut déterminer d'une manière positive la
distance qu'il doit y avoir entre le collet de

la

la plante et la superficie du sol, pour en faire une loi uniforme à l'égard de tous les semis, parce que chaque racine, selon sa nature, possède plus ou moins de force d'aspiration, et doit par là même exiger d'être plus ou moins recouverte de terre.

Tout ce qu'il y a de positif à cet égard, c'est que plus les graines des plantes sont petites, moins léur écorce ou enveloppe sont compactes ou ligneuses, moins on doit les enfouir : l'espèce du végétal plus ou moins vivace qui doit en émaner, le genre de reproduction par bouture ou par marcotte, doit également influer sur le plus ou le moins de profondeur à laquelle doit être placé le collet de la plante ou le bourrelet qui en fait les fonctions ; c'est donc à l'expérience ou à la pratique agricole à le déterminer ; elle seule peut établir des règles à cet égard, d'après les principes que nous avons exposés.

La séve n'est point bornée à faire circuler les sucs nourriciers, tels, que les racines et le chevelu les fournissent ; ces sucs parvenus

dans les feuilles y sont élaborés de nouveau
et mélangés avec ceux qu'elles puisent dans
l'atmosphère. Ce sont tout autant de pou-
mons qui respirent et qui font en même
temps l'office d'organe secrétoire. Selon les
phytologistes, les feuilles, par leur lame ou
face inférieure, absorbent tant les vapeurs
aqueuses qui s'élèvent de la terre, que celles
que l'air contient toujours ; et par leur face
supérieure elles décomposent l'air, le gaz
acide carbonique qui y est toujours mélangé,
avec les gaz impurs azotés, carbonés, sul-
furés, et les miasmes putrides et déletères
qu'il peut renfermer.

Tous ces gaz sont ensuite décomposés
dans le parenchyme de la feuille avec l'eau
absorbée ; le carbone du gaz acide carbonique se fixe dans le végétal pour lui servir
d'aliment et former le corps ligneux, et en
s'unissant avec l'hydrogène et l'oxigène de
l'eau, il concourt par des combinaisons
variées, à la formation des gommes, des
résines, des huiles et des matières extractives.
L'oxigène, devenu libre par ces décompo-
sitions, se répand en air vital dans l'atmos-

phère qui se trouve ainsi purifiée, et rendue plus propre à la respiration des animaux.

Mais, pour que les feuilles décomposent l'eau et l'air qui doivent servir de *pabulum* ou d'aliment à la plante, il faut de toute nécessité le concours de la lumière solaire, comme nous l'avons déjà dit ; car, pendant la nuit, les plantes vicient l'air par l'acide carbonique qu'elles expirent, et elles inspirent en remplacement, du gaz oxigène de l'air, au lieu de lui en fournir.

Voilà le résumé des connaissances acquises sur l'élaboration de la séve qui s'opère par les feuilles.

Le chevelu qui a la même structure, élabore à son tour les sucs nourriciers, en sa qualité d'organe de la nutrition, mais avec le concours de la terre, qui supplée ici à l'absence de la lumière. Ce concours des terres, que l'on avait négligé d'observer, sur le fondement qu'elles ne servaient que de support aux plantes, est la preuve la plus certaine de leur influence, qui achève de détruire le système erroné de leur prétendue inertie. Sans ce concours, en effet, la nutrition par le chevelu ne pourrait avoir lieu , parce que les sucs nourriciers ont besoin , au préalable, d'être rendus solubles, pour pouvoir être absorbés par les pores inhalans de ce chevelu, et que ce sont les terres qui sont douées de cette faculté , comme nous l'avons déjà démontré.

Si l'on ignore comment s'opère l'influence de la lumière sur les feuilles , on ne connaît pas mieux la manière d'agir des terres à l'égard du chevelu ; on peut cependant en donner une explication propre à le faire concevoir.

La terre contient de l'humidité ; elle renferme les différens gaz qu'elle absorbe de l'air et de la décomposition des engrais , ainsi que les substances salines métalliques et terreuses qui doivent entrer dans la composition des plantes. La force de succion du chevelu des racines dans leur point de contact avec les terres , tend à dégager tous ces principes et à vaincre l'affinité qui les retient ; ces principes ainsi dégagés, changent de nature, contractent de nouvelles combinaisons, et sont rendus propres à être absorbés

par le chevelu , pour former la séve qui
doit leur servir de véhicule , concurremment
avec l'humidité que les feuilles extraient de
l'air. De quelque manière au reste , que les
sucs nourriciers fournis par la terre soient
élaborés , il nous suffit d'avoir prouvé que
le concours des terres y est indispensable ,
et qu'il ne saurait y avoir aucun doute à cet
égard.

On voit donc , par la réunion de tous
les faits que présente la structure ou l'organisation des plantes , que les terres , dans leur
état naturel et ordinaire , bien loin d'être
dénuées de propriétés dans le mécanisme
de la végétation , y contribuent par elles-
mêmes , par leur mélange et leur combinaison entre elles , par les gaz qu'elles sont
susceptibles d'absorber , par leur faculté de
rendre l'humus soluble , et par leur concours avec le chevelu dans l'élaboration des
sucs nourriciers que la terre fournit.

Les propriétés des terres dans l'acte de
la végétation , étant bien constatées , il nous
reste à examiner , avant de terminer cet

article , quelles sont les qualités qu'elles doivent avoir , pour être propres à la culture et
à la végétation.

Les qualités que doit avoir le sol agraire,
pour être propre à la culture et à la végétation , sont physiques et chimiques ; nous
les distinguerons les unes des autres , et nous
en parlerons séparément, pour nous rendre
plus intelligible.

Qualités physiques du sol agraire.

Les qualités physiques , sont : la divisibilité ;
la perméabilité ; la consistance ; la profondeur
ou épaisseur ; la sécheresse ou l'humidité ;
la température , selon les degrés d'élévation
au-dessus du niveau de la mer ; l'exposition
aux divers points de l'horizon , et la situation
en pente ou en plaine.

DIVISIBILITÉ. Une bonne terre arable doit
se diviser et s'ameubler facilement avec les
instrumens aratoires , afin que les racines

et leur chevelu puissent s'y alonger en tout sens.

Perméabilité. La terre se laisse facilement pénétrer par l'eau, l'air et les divers gaz de l'atmosphère. Par la culture, on facilite la libre circulation de ces fluides, en rendant la terre plus perméable et d'un accès plus facile.

Consistance. Un bon sol doit avoir assez de consistance pour fournir un point d'appui solide et fixe à la plante, et la mettre à l'abri des vents et de la gelée. Un sol compacte ne convient pas aux racines des arbres qui sont destinées à grossir ; tandis que les plantes qui ont des racines déliées et nombreuses y trouvent le point d'appui qui leur est nécessaire. Ce degré de consistance dépend de la nature des terres et de l'affinité plus ou moins grande de leurs molécules intégrantes.

Profondeur ou épaisseur. Elle varie depuis quelques pouces, jusqu'à plusieurs pieds,

suivant l'espèce de culture que l'on confie
au sol. Six pouces de terre végétale, peuvent, dit-on, suffire à une culture de céréales,
tandis qu'il en faut deux à trois pieds pour
d'autres cultures. Dans des climats secs,
comme ceux de ce Département, la terre
végétale, même pour les céréales, doit pouvoir être défoncée de deux à trois pieds de
profondeur, si l'on veut avoir de belles récoltes. Par ces minages ou défoncemens,
on pratique un réservoir aux eaux pluviales
de l'hiver, et on supplée par là à la sécheresse qui règne dans les autres saisons. La
raison physique en est toute simple : la
couche superficielle du sol étant desséchée
par l'ardeur du soleil, s'imbibe de l'humidité inférieure, par l'effet de l'attraction, à
petite distance; l'évaporation que la chaleur
opère favorise cette attraction.

La petite culture a singulièrement gagné
depuis cette nouvelle méthode; les blés qui
ne produisaient que du quatre au cinq pour
un, ont doublé dans leur production; et vu
sa grande utilité, on est parvenu à en faire
l'application à la grande culture, en en sim-

plifiant le procédé, comme nous le dirons ailleurs, en traitant de la culture des terres.

Il est évident, que plus les terres seront meubles à une grande profondeur, plus elles deviendront fertiles : les racines y trouveront toujours plus d'humidité et une plus grande abondance de sucs nourriciers. Mais, pour ne pas mettre obstacle à la force d'impulsion, qui donne à la végétation toute son énergie dans le développement de la tige et dans l'extension des racines, il faut avoir toujours l'attention de ne pas trop enterrer les semences, pour que le collet des plantes qui en naissent, soit toujours placé assez près de la superficie du sol, afin que l'oxigène de l'atmosphère puisse l'atteindre.

Si le terrain que l'on possède est composé de couches de terres de nature différente, il résulte de ces minages pratiqués à une profondeur convenable, un mélange utile de ces différentes espèces de terres, qui présentent alors plus de surface aux influences atmosphériques, et on parvient ainsi à améliorer, avec le temps et les engrais, un terrain qui, sans ce moyen , n'aurait jamais fourni les mêmes produits.

SÉCHERESSE ET HUMIDITÉ. Voici les qualités physiques qui ont le plus d'influence sur les plantes. La grosseur et la ténuité des molécules de la couche végétale influent sur le degré de sécheresse ou d'humidité que le sol peut acquérir, selon qu'elle dissipe ou qu'elle retient les eaux des pluies et des rosées. Si cette couche est trop argileuse et qu'elle conserve trop long-temps l'humidité ; si elle est trop sabloneuse et qu'elle la perde trop facilement, ces sortes de terrains seront toujours mauvais pour la culture : les premiers, parce que les racines des plantes s'y noient ou s'y gèlent ; les seconds , parce que les eaux des pluies leur enlèvent tous leurs engrais , et qu'ils se dessèchent trop promptement lorsqu'ils sont exposés à la chaleur. Il faut une juste proportion dans leur mélange , pour que le sol puisse jouir de ces avantages, sans en éprouver les inconvéniens.

L'argile étant , de toutes les terres , celle qui possède le plus de force hygroscopique , il est clair que c'est dans la classe des terrains argileux que l'on doit trouver le plus d'humidité, et par conséquent le plus de fertilité, l'eau étant indispensable à la végétation; de plus, l'argile donnant plus de consistance à tous les sols, leur conserve plus long-temps l'humidité et les engrais dont elle ménage la consommation et la durée.

Les terrains calcaires sont en général fertiles, et les terrains silico-argileux le deviennent par l'addition du carbonate de chaux; mais ce n'est point une raison de conclure que le carbonate de chaux soit la cause de cette fertilité, comme l'assurait mal à propos l'abbé Rosier; cette propriété appartiendrait plutôt à l'argile, si la fertilité n'était pas subordonnée à d'autres causes, comme nous allons le voir bientôt.

Les terres où le carbonate de chaux domine, exigent beaucoup de fumier pour devenir productives, et sont plus sujettes à la sécheresse que les argiles. Des analyses nombreuses ont fait voir qu'une petite dose de cette terre calcaire convient mieux qu'une grande, et que les terres propres à être marnées devaient à peine faire effervescence avec les acides, et ne contenir guère plus de trois parties de terre calcaire sur cent parties de terre argileuse.

Or, les terres de ce Département étant presque toutes marneuses, ou contenant le carbonate de chaux en excès, il s'ensuit qu'en y employant les marnes calcaires comme engrais ou amendement, on ne ferait qu'augmenter la sécheresse naturelle du climat. La véritable manière de les amender est donc, au contraire, d'y ajouter l'argile qui leur manque.

TEMPÉRATURE SELON LES DEGRÉS D'ÉLÉVATION AU-DESSUS DU NIVEAU DE LA MER. La couleur des terres peut influer sur leur température. Les terres noires s'échauffent plus que les autres, et conservent davantage la chaleur : les blanches sont plus froides, parce qu'elles la répercutent ; mais, indépendamment de la couleur, le degré d'élévation des terres au-dessus du niveau de la mer, les rend plus ou moins chaudes ou froides, parce que la température va en diminuant, à mesure que l'on s'élève.

La qualité du sol donne aux végétaux cette habitude constante qu'on appelle en botanique habitation ou patrie des plantes. Chaque climat a ses productions suivant sa température ; chaque plante a son organisation particulière et ses habitudes propres, provenant des lieux où elles ont pris naissance. Les plantes qui naissent sur les montagnes en-dessous des glaces éternelles, ne prospèrent jamais dans les plaines ; celles qui croissent au bord de la mer, et qui décomposent le sel marin pour s'en approprier la soude, ne se rencontrent pas, non plus dans les lieux élevés ; la plupart des arbres résineux, tels que les sapins, ne viennent bien qu'à une hauteur déterminée de 6 à 8000 mètres, l'olivier ne dépasse pas 4000 mètres ; les plantes qui ont besoin d'absorber beaucoup d'eau, comme celles qui ont les feuilles larges et molles et le tissu spongieux ; celles qui ont des racines nombreuses et beaucoup de pores corticaux pour faciliter leur transpiration, ne viennent jamais spontanément dans les lieux où la température rend le sol naturellement sec. C'est le contraire pour les plantes qui absorbent peu d'eau, qui transpirent peu, et qui renferment beaucoup de matières charboneuses et résineuses, telles que les conifères ; elles résistent à une température très-froide, tandis que les arbres verts, non résineux, comme les oliviers, gèlent à des degrès peu intenses.

Un agriculteur doit donc s'occuper à connaître les plantes qui viennent d'elles-mêmes, ou de préférence dans le sol qu'il cultive ; et parmi ces plantes, il doit choisir celles qui végètent le mieux, qui sont les plus précoces, les plus productives, pour les élever de préférence avec celles qui sont de la même famille. Une plante qui végète dans le lieu que la nature a choisi pour lui donner naissance, y prospère avec une double efficacité, elle y trouve la température dont elle a besoin, et les alimens qui lui conviennent le mieux.

Cette observation est d'autant plus applicable à nos contrées, que l'on y est forcé d'exclure de la culture un grand nombre de plantes, et de faire un choix, dans chaque localité, parmi celles que l'on doit préférer ; autrement on s'expose à n'avoir que des produits éphémères qui ne payent pas les frais d'exploitation.

Exposition. La qualité du sol qui dérive de l'exposition, ne peut guère se séparer de l'influence chimique des élémens extérieurs de l'atmosphère, qui agissent presque tous à la fois sur les végétaux. L'on peut dire cependant que l'exposition du midi est, en général, plus favorable, parce que c'est là où le calorique, principe du mouvement organique de la vie végétale, exerce toute son action, et que la lumière y seconde avec toute son intensité, l'acte de la nutrition qui s'opère par les feuilles et par les parties vertes de la plante ; il est pourtant des végétaux qui redoutent une trop forte impression de la lumière, qui n'ont pas besoin d'une température aussi élevée, et qui se plaisent aux expositions du nord, du levant ou du couchant ; c'est ce que l'expérience apprend tous les jours aux agriculteurs , sans qu'il soit nécessaire d'en citer des exemples.

SITUATION EN PENTE OU EN PLAINE. Ces deux accidens du sol méritent la plus grande attention. Une terre en plaine est , toute chose égale, plus propre à la culture et plus productive qu'une terre en pente exposée à perdre de ses propriétés nutritives, toutes les fois que les pluies surviennent ; tandis que les premières se bonifient au contraire par les sucs nourriciers que les eaux leur apportent de toutes les hauteurs voisines.

Les terres des bas fonds sont encore meilleures que celles des plaines , parce qu'elles sont plus riches en substances nourricières , soit pour avoir servi , dans l'origine de leur formation , de séjour aux eaux des lacs et des marais qui y ont déposé leur limon , soit parce que la terre végétale qui les compose se trouve mélangée avec des molécules de terreau , charriées par les eaux , transportées par les vents , et accumulées par le laps du temps avec les débris des végé-

taux

taux et des animaux qui y avaient vécu anciennement.

On pourrait bien , me dira-t-on , niveler les terres en pente par des fossés , en formant des ados, ou par des murs bien appropriés : ce dernier moyen , préférable au premier, pourrait se tolérer dans le cas où l'inclinaison du terrain ferait, avec l'horizon, un angle très-obtus, mais on doit toujours avoir présent à la mémoire , le souvenir des suites fâcheuses de l'Ordonnance de Louis XIV , qui autorisa les défrichemens des lieux penchans et ardus de la Provence, à la charge de construire des murs pour le soutien des terres : ces murs , finissent toujours par être mal entretenus , vu le peu de rapport des terres qu'ils soutiennent, et qui sont abandonnées après deux ou trois années de culture; et leurs matériaux entraînés avec les terres par les pluies et les torrens dans les vallées et les plaines , encombrent de leurs débris les meilleurs fonds , et condamnent pour toujours à la stérilité ces lieux précédemment défrichés, en mettant à découvert le roc vif qui , naguères , était encore couvert de verdure. Cette expérience, faite à nos dépens, et dont nous ressentons aujourd'hui les tristes résultats, en voyant la nudité de nos coteaux, doit nous servir de leçon pour renoncer à jamais à défricher les lieux dont la pente est trop rapide, et nous faire une loi de les laisser en nature de bois, ou à y substituer des bois d'une essence plus productive, si c'est nécessaire.

Qualités chimiques du sol agraire.

Les qualités chimiques du sol agraire dépendent moins de la nature des terres, et des proportions de leur mélange, que des influences locales du climat, c'est-à-dire, des influences des divers agens qui composent l'atmosphère.

Comment pourrait-il en être autrement? lorsque l'on voit les plantes vivre de l'air et s'en nourrir principalement, tandis que le sol ne leur fournit qu'un peu de terre et d'humus, quelques sels et oxides métalliques incapables de suffire à leur nourriture, et encore moins de les faire vivre. N'est-il pas évident que l'air, l'eau, le calorique, et la lumière, les divers gaz répandus dans l'atmosphère, sont les véritables agens de la vie et de la nutrition des plantes, tandis que les autres principes décomposés, à l'aide de la lumière, fournissent à leur nutrition? Le concours des terres et des agens atmosphériques est donc indispensable pour donner au sol les qualités propres à la végétation, et nous appellons ces qualités, *chimiques*, parce qu'il y a toujours dans ce concours simultané, une action chimique mutuelle, une véritable combinaison.

Chaque sol exige un climat particulier : Kirwan a observé, que la composition des bonnes terres pour le froment, varie dans divers pays, selon que le climat est sec ou humide, qu'elles contiennent d'autant plus de silice que le climat est plus humide, et d'autant plus d'alumine, qu'il est moins pluvieux ; c'est-à-dire, que le sol est plus hygroscopique dans un climat sec, et moins dans un climat pluvieux : preuve certaine qu'une même plante peut végéter avec le même succès dans des terrains différens, pourvu

6 .

que le climat soit approprié aux terres qui composent le sol. Ce que dit Kirwan se réalise dans nos contrées ; les terres argileuses y sont les meilleures pour les céréales, parce que le climat y est sec , et par la même raison , les terrains sabloneux y sont inférieurs en qualité.

On voit les oliviers dégénérer, d'après les mêmes influences climatériques ; ceux de la rivière de Gênes , et notamment ceux de Taggia (Commune voisine de San - Rémo), surpassent en hauteur les plus grands édifices: ce sont de véritables futaies ; mais à mesure qu'on s'en éloigne et qu'on s'élève jusqu'aux limites de leurs habitations , ils diminuent de grosseur et ressemblent à des arbustes. C'est par la même raison que les plantes des plaines du nord croissent dans le midi, sur les montagnes où elles trouvent un climat analogue.

Il est donc vrai de dire , que les analyses des meilleures terres , que les auteurs nous ont données , ne peuvent convenir qu'aux localités où elles ont été faites , et ne sauraient servir de règle pour les autres contrées où les climats ne sont pas les mêmes. Il faut nécessairement, lorsqu'on veut amender un sol pour le rendre semblable à celui des meilleures terres du domaine que l'on possède, il faut, dis-je, le choisir à la même exposition et à la même latitude ; le composer de terre de même nature que celle que l'on retirera de l'analyse de ces dernières, et l'on sera alors assuré qu'avec le temps, par la culture et par les engrais, on obtiendra un sol en tout semblable par ses qualités chimiques, à celui que l'on veut imiter.

Rien de plus variable, en effet, que ces sortes d'analyses de bonnes terres, données par les auteurs ; M. Thouin, y a trouvé un tiers d'argile, un tiers de silice, un sixième de matière calcaire, et un sixième d'oxide de fer ; M. Cordier, un demi pour 100 de carbonate de chaux, et l'argile et la silice, dans des proportions différentes ; Humphry Davi, trois à cinq pour 100 de ce carbonate ; et M. de Dombasle, de l'alumine et de la silice avec l'oxide de fer, très-peu d'humus, sans carbonate de chaux : d'où l'on voit que si, en général, les meilleurs terrains sont

un mélange des trois terres primitives , dans
les proportions les plus convenables pour
produire la fertilité , ces proportions ne sont
pas toujours nécessaires pour l'obtenir ; puisque deux terres, au lieu de trois , peuvent
être également fertiles , selon l'influence
locale du climat, comme on l'a déjà observé.
Il n'y a donc rien de plus certain que cette
influence du climat sur les terres; et comme
il importe , en agriculture, de bien connaître
les divers agens qui l'opèrent , pour n'être
point étranger aux phénomènes de la vie végétale, nous insisterons de nouveau sur ceux
dont l'action est permanente et inséparable de
l'existence des végétaux ; sur l'air , l'eau,
le calorique et la lumière , qui de tous les
temps ont été reconnus pour les premiers
agens de la végétation ; et nous ne craindrons
pas de nous répéter , lorsqu'il s'agira de
joindre à nos premiers détails sur ces agens,
les notions et les observations qu'il n'était pas
temps alors , ni à propos, de mentionner.

Quant aux autres agens de l'atmosphère ,
qui sont plus rares et plus variables dans
leurs effets, et par cela même moins néces-

saires , nous ne ferons que les indiquer. Leur influence locale dans chaque lieu et dans chaque climat, est toujours assez connue , pour que chaque agriculteur puisse en faire l'application aux circonstances des évènemens qui en sont la suite.

L'air de l'atmosphère est un composé d'oxigène et d'azote, dont les proportions sont constantes. Il est décomposé par les germes des plantes, qui en absorbent l'oxigène pour se développer (1). Les parties vertes de la plante, en absorbent aussi pendant la nuit, comme les fleurs et les fruits pendant le jour et la nuit. Ces faits sont constatés par les expériences des auteurs qui ont écrit sur la physiologie végétale.

L'air de l'atmosphère contient habituelle-ment de l'eau qui est rendue sensible par l'hygromètre, ou visible en état de vapeur. Sa quantité varie depuis un trente - cinquième jusqu'à un cinquantième, selon sa tempéra-

____

(1) Voyez mon Mémoire sur le carbone.

ture. C'est cette eau qui, condensée par la fraîcheur des nuits, produit le serein, les rosées et les nuages.

L'air, surtout dans les régions basses, contient encore plus ou moins d'acide carbonique, et d'autres gaz qui proviennent de toutes les émanations terrestres ; et enfin, plus ou moins de calorique, selon sa température.

Il tient donc le premier rang dans la marche que la nature suit pour opérer la nutrition. Son oxigène est le premier aliment de la vie végétale que le calorique entretient ; l'eau vient ensuite occuper le second rang, en concourant à cette nutrition par sa décomposition avec les autres principes de l'air. De sorte que le calorique est l'agent naturel qui donne aux sucs nourriciers le mouvement et la vie, comme on le verra ci-après.

L'eau qui occupe le second rang dans le mécanisme de la nutrition, est un composé d'oxigène, et d'hydrogène dont les proportions sont sujettes à varier : l'eau étant susceptible de se saturer plus ou moins d'oxigène.

Elle tient toujours en dissolution plus ou moins d'air atmosphérique, et du gaz acide carbonique. Décomposée par les feuilles et par les parties vertes de la plante, elle concourt à la formation des substances extractives, mucilagineuses, sacharines, huileuses et résineuses des plantes. Elle sert de véhicule à tous les sucs nourriciers, et forme la séve qui va les distribuer dans tout le tissu végétal.

Il est évident, que sans eau, il n'y aurait pas de végétation ; car, sans la séve, la plante ne pourrait se nourrir. On distingue deux sortes de séve, d'après ce que nous avons déjà dit, la séve du printemps et celle d'août ; la première, ascendante des racines aux feuilles, est principalement destinée au développement des feuilles, des fleurs et des fruits ; et la seconde, descendante des feuilles vers les racines, est destinée à l'accroissement des tiges, des branches et des racines. Hales, en opérant sur un cep de vigne, avait observé dans sa statique des végétaux, que la séve a une force d'ascension si considérable, qu'elle est capable d'élever et de soutenir une

colonne de mercure, à 38 pouces **au-dessus**
de son niveau.

Par la même raison que la séve se forme
et se renouvelle sans cesse, il se fait **par**
tous les pores de l'épiderme de la plante,
une transpiration sous forme fluide, vapo-
reuse ou gazeuse, égale à la quantité d'eau
absorbée par les feuilles et les racines, dé-
duction faite de la portion employée à la
nutrition ; et pour que cette séve puisse circuler librement, elle a besoin, comme le
sang dans les animaux, dont elle remplit les
fonctions, d'avoir une certaine température.
On conçoit qu'au-dessous de zéro du thermo-
mètre, l'eau devenue solide ne pourrait pénétrer dans le tissu végétal : on ne voit en
effet aucune plante dans les régions de la
zône glaciale, ni sur les montagnes couvertes
de glaces éternelles : d'où il suit que la séve
peut se congeler par une température trop
froide, comme cela arrive souvent : ce qui
occasionne, par la dilatation que la congé-
lation leur fait éprouver, la rupture des
cellules et des vaisseaux du liber et de l'aubier qui la renferment, et détermine par là

la mort partielle ou totale de la plante. Si, au contraire, la température est trop élevée, le sol se dessèche, ne fournit que peu ou point d'aliment, la plante se flétrit et périt sans ressource, si les eaux du ciel ne viennent pas la rétablir.

Dans nos contrées méridionales, par-tout où le vent du nord-ouest, appelé mistral (*Maëstral*), fait ressentir sa froidure, on est exposé à ces passages subits du chaud au froid qui détruisent en un instant toutes les récoltes par les gelées intempestives qui surviennent. lorsque la saison est déjà très-avancée, ce qui est cause que les récoltes d'amendes sont toujours mal assurées ; que les vignobles ou bourgeons, sont souvent exposés à périr ; et que les arbres fruitiers, malgré les soins les plus vigilans et la culture la plus soignée, sont rarement productifs : de sorte que l'on peut dire, que sous le plus beau ciel de la France, l'agriculture y est souvent en souffrance par les intempéries du climat, et n'offre que les apparences des avantages qu'elle promet.

On peut remédier à ces gelées tardives,

malheureusement trop fréquentes, en ayant soin de choisir, parmi les arbres à fruit que l'on sème ou que l'on plante, ceux dont la floraison est la moins précoce, et parmi les vignes, les espèces de ceps qui ne bourgeonnent que dans la saison la plus avancée. Les moyens proposés jusqu'à ce jour, tels que la fumée provenant des feux de la paille humide, les aspersions d'eau froide sur les fleurs gelées, sont impraticables dans un grand domaine, et ne peuvent convenir qu'à des jardins fruitiers d'une petite étendue.

On peut encore se garantir en partie des gelées d'hiver; il suffit de ralentir l'ascension de la séve, et d'augmenter la fraicheur au pied des arbres. Dans cette saison, la température du sol où sont les racines, est plus chaude que celle de l'air de l'atmosphère, à cause de la chaleur naturelle de la séve ou de l'action du calorique qui produit le mouvement organique; cette chaleur ou cette action tend toujours à se répandre dans les tiges pour en développer les boutons et les feuilles. La température froide de l'air extérieur, s'oppose à cette ascension de la séve, resserre les pores par où elle transpire, et l'oblige à redescendre ; c'est de cette lutte entre la séve et le froid extérieur, que résulte la suspension de la végétation.

Tant que la plante est dépourvue d'humidité à l'extérieur, et qu'une chaleur trop précoce n'a pas déterminé la séve à se porter dans les tiges et les branches avant l'arrivée du froid, la plante résiste d'ordinaire à la rigueur de la saison. Mais, si une gelée blanche survient, ou si la neige se glace sur l'arbre après s'être fondue, alors l'humidité dont il est imbibé se congèle, distend et rompt les vaisseaux séveux qui la reçoivent, et elle fait d'autant plus de mal, qu'une température plus chaude avait déterminé, avant l'arrivée de la gelée, un engorgement prématuré de la séve ; d'où il suit qu'en maintenant l'équilibre entre la chaleur de la séve et le froid extérieur, on évite une partie des inconvéniens de la gelée d'hiver ; l'arbre, comme la plante, en souffre plus ou moins, mais n'est pas exposé à périr, radicalement, comme cela est arrivé aux oliviers, en 1820.

De tous les moyens proposés pour rafraîchir

le pied des arbres, et surtout des oliviers, arbre le plus précieux de nos contrées, c'est-à-dire, pour empêcher la trop prompte ascension de la séve, le meilleur de tous, nous a paru consister à mettre des pierres tout au tour du pied de ces arbres. On peut les placer à la surface du sol, et ne les ôter que pour donner à l'arbre la culture nécessaire, ou bien en faire un pavé à un quart de mètre de profondeur, ce qui vaut encore mieux lorsqu'on peut le pratiquer, parce que, dans ce cas, l'arbre profite de ses cultures, sans avoir besoin d'ôter et de remettre les pierres en question.

Quand on considère que les terres caillouteuses conservent la fraicheur dans les temps de sécheresse ; que ces terres ne conviennent si bien aux vignes qu'à raison de l'humidité qu'elles y trouvent ; quand on voit cette herbe fine qui croît sous les cailloux de la Crau d'Arles, et qui est susceptible de nourrir d'immenses troupeaux : il faut en conclure qu'en adoptant l'un ou l'autre de ces procédés, selon les localités, on doit en obtenir les bons effets qu'on en attend.

Les inconvéniens de la gelée sont opposés à ceux de la sécheresse : nous avons indiqués les moyens de prévenir les premiers, on peut prévenir les autres, en cultivant de préférence les plantes à racines profondes, telles que le blé, le seigle, et surtout le sainfoin ; parce que le fond de la terre végétale contient toujours un peu d'humidité, et entretient la végétation. On doit encore défoncer le sol pour le rendre perméable aux eaux pluviales, et surtout multiplier le sainfoin, qui est, de toutes les plantes fourrageuses, celle qui résiste le plus à la sécheresse, et qui fournit au froment un engrais moins échauffant que le fumier qui contribue au contraire à augmenter la sécheresse.

On voit donc, d'après l'exposé ci-dessus, que les agens indispensables de la végétation, sont l'air, l'eau et la chaleur ; mais c'est le calorique qui tient le premier rang ; car sans lui, l'air et l'eau n'auraient pas plus d'influence sur les plantes que sur les terres. C'est le calorique qui est la cause première

de toute végétation , et de l'organisation des
êtres. Chaque semence , chaque espèce de
plante, chaque être organisé , a besoin d'un
degré de chaleur particulier. Le calorique
embrasse toute la nature , il émane du soleil,
d'où il se répand dans l'atmosphère , pour
se combiner avec les êtres , et devenir la
source des divers degrés de température qui
leur conviennent. Sans ce principe universel
qui lutte constamment contre la force d'attraction des molécules inorganiques, celles-ci
n'auraient jamais pu concourir à former ces
êtres par leur réunion. C'est lui qui rend
l'eau solide , liquide , ou fluide, selon que
ces deux forces , le calorique et l'attraction,
dominent plus ou moins l'une sur l'autre.
C'est lui, en un mot, qui maintient l'équilibre
indispensable à l'existence de tous les êtres.

La correspondance qu'il entretient avec
les élemens inorganiques pour leur donner
le caractère de vie, nous démontre que cette
vie organique, que l'on a tant de peine à
définir, n'est autre chose qu'un foyer de calorique alimenté par les élémens de la nutrition, comme autant d'attributs particuliers,
différens

différens les uns des autres , selon l'ordre
établi par le Créateur, pour la formation et la
durée des êtres.

La Lumière. Suivant les plus célèbres
Physiciens , l'action de la lumière sur les
plantes , résulte des vibrations d'un fluide
éminemment subtil , comme le son résulte
des vibrations de l'air. Mais, quoique l'on
ne puisse la considérer comme aliment dans
la végétation , elle y influe tellement , que
sans elle, la plante serait sans couleur, sans
saveur et sans parfum. C'est elle qui détermine , dans le parenchyme des parties vertes
du végétal , la décomposition de l'acide carbonique de l'air et la fixation du carbone ,
en même temps que l'émission au dehors
de l'oxigène de cet acide , et que pendant
son absence , les parties vertes absorbent
une certaine dose d'oxigène de l'air. L'on
sait encore, qu'elle influe sur l'absorption
de la séve et sur la transpiration de la plante,
puisque pendant la nuit, et dans l'obscurité, les
végétaux pompent peu d'humidité et n'exhâ-
lent point , ou presque point d'eau , tandis

que cette évaporation est très-considérable pendant le jour, surtout aux rayons directs du soleil.

Au nord, les plantes privées du soleil, n'absorbent pas autant d'acide carbonique ; elles contiennent plus d'eau que celles qui croissent à la lumière ; les fibres ligneuses sont plus lâches et ont moins de consistance, elles s'étiolent, elles s'alongent pour aller le chercher, en se dirigeant vers le côté où il agit plus efficacement. Les hommes, comme les animaux, ne sont pas à l'abri de cette influence de la lumière.

Le fluide électrique. Le fluide électrique disséminé dans l'air, a aussi une grande influence sur les plantes, qui n'est pas mieux connue que celle de la lumière. L'eau, en état de vapeur, comme en état liquide, étant le meilleur conducteur de ce fluide, l'expérience fait voir, qu'aussitôt après de fréquentes rosées, la germination est accélérée, et les plantes qui croissent, végètent avec une telle rapidité, qu'elle paraît presque sensible : ce qui n'arrive jamais avec les eaux de source et de rivière; c'est ce fluide qui produit dans l'atmosphère les orages et la foudre qui viennent souvent ravager nos campagnes, depuis qu'on a détruit les arbres des forêts qui, comme autant de paratonnerres, étaient destinés à soutirer et à absorber les élémens de la foudre, et à prévenir la formation destructive de la grêle, en empêchant les vapeurs de s'élever dans les régions glaciales. Il est encore reconnu qu'aux approches des orages, l'électricité accélère la putréfaction.

L'atmosphère en masse, influe encore sur les plantes, selon que les vents sont plus ou moins fréquens et impétueux; les pluies et les rosées, plus ou moins abondantes ; les brouillards et la grêle, plus ou moins fréquens. La plupart de ces causes, qui rendent les saisons si variables dans chaque climat, et qui agissent avec tant d'énergie sur l'abondance et la disette des produits de la terre, peuvent s'expliquer physiquement, suivant qu'elles contrarient ou qu'elles secondent la marche progressive et lente du mécanisme de la végétation. Mais parmi ces causes, il en est qui échappent encore à nos observations, et qui paraissent dépendre d'une véritable action chimique, sur le sol, de la part des agens atmosphériques. Telles sont ces années d'abondance des produits des plus mauvaises terres, comparées à celles de bonne qualité ; le développement de certaines mauvaises herbes, à l'exclusion de toute autre, même de celles qui y viennent naturellement.

L'exposé que nous venons de faire des qualités physiques et chimiques du sol agraire, nous démontre que ce sol, en général, contient diverses terres, de l'humus, des sels et oxides métalliques, en dissolution dans l'eau, pour servir à composer la séve, et que tous ces principes ne peuvent agir avec efficacité, que par le concours simultané des élémens extérieurs fournis par l'atmosphère, comme première nourriture. De sorte que chaque climat, dans chaque localité, influe plus que le sol sur les phénomènes que la végétation nous présente, ainsi que nous l'avons posé en principe : ce qui nous paraît éclaircir tous les doutes qu'il y avait encore à cet égard.

F I N.

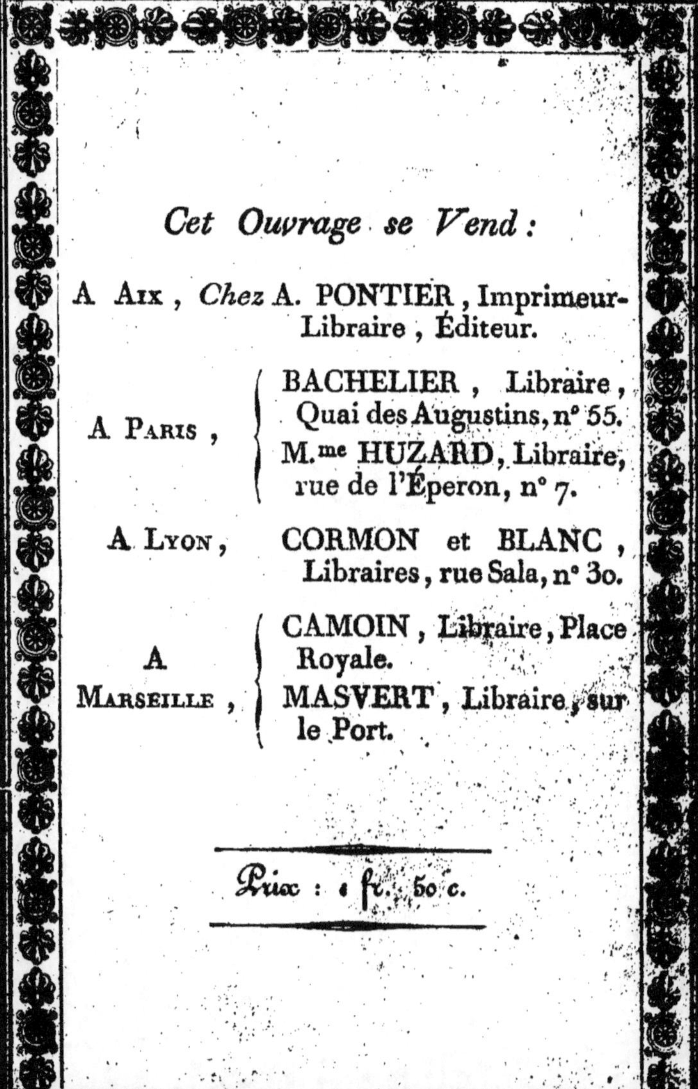

Cet Ouvrage se Vend :

A Aix , *Chez* A. PONTIER , Imprimeur-Libraire , Éditeur.

A Paris , BACHELIER , Libraire , Quai des Augustins, n° 55.
M.me HUZARD , Libraire, rue de l'Éperon, n° 7.

A Lyon , CORMON et BLANC , Libraires, rue Sala, n° 3o.

A Marseille , CAMOIN , Libraire, Place Royale.
MASVERT , Libraire, sur le Port.

Prix : 1 fr. 5o c.